情商

乔洁 著

图书在版编目（CIP）数据

情商 / 乔洁著. -- 长春 : 吉林文史出版社, 2019.4

ISBN 978-7-5472-6113-2

Ⅰ. ①情… Ⅱ. ①乔… Ⅲ. ①情商—通俗读物 Ⅳ. ①B842.6-49

中国版本图书馆CIP数据核字(2019)第073314号

情　商

出 版 人　孙建军
著　　者　乔　洁
责任编辑　弭　兰　张　蕊
封面设计　韩立强
出版发行　吉林文史出版社有限责任公司
地　　址　长春市福祉大路出版集团A座
网　　址　www.jlws.com.cn
印　　刷　北京德富泰印务有限公司
版　　次　2019年4月第1版　2019年4月第1次印刷
开　　本　880mm × 1230mm　1/32
字　　数　140千
印　　张　7
书　　号　ISBN 978-7-5472-6113-2
定　　价　38.00元

前　言

“一个人的成功因素中，情商占80%，智商只占20%。”这是著名心理学家丹尼尔·戈尔曼的经典言论，也是一个不争的事实。现代生活中，拥有高情商的人，往往拥有独特的人格魅力和运筹帷幄的处事本领，无论走到哪里，他们都散发着无法阻挡的魅力，往往也能在最短时间内发展得风生水起。

情商对我们的重要性不言而喻，即使你学历高、颜值高、智商高，也需要提升自身的情商水准。如何提高情商，拥有人人羡慕的高情商，对很多人来讲，都是一个无从下手的难题。不少人由于不了解情商真正的内涵，对情商的认知只停留在表层肤浅的理解上，努力许久，却收获甚微。

一个人的情商是自我、情绪、意志、社交等谙熟人性的综合体现，一定建立在完整的内部精神结构中。在本书中，我们深入内在，对情商进行了全方位、多角度解析，你会充分了解到情商是一种清醒的自知之明，找到最适合自己的成长途径；情商是面对纷杂的人世变化时，能够游刃有余地驾驭情绪；情商是心灵柔而不弱，意志坚而不脆，能在人生低谷中保持自我激励的本色……

当你迷茫无序，不知该做什么时，你需要情商；

当你沟而不通，人际关系冰冷时，你需要情商；

当你遇挫即溃，未来失去方向时，你需要情商。

……

真正的情商，不是要求我们应该怎么做，而是真正认识到内在的力量，以及它们背后的规律，并结合自身情况，由内而外、内外合一地投入生活的素养力。通过本书的学习，你将走进一个全新的世界，对情商有更深刻的理解，成为一个真正高情商的人。

情商不是那么容易就获得的，需要你经常进行反思和思考，这也是情商高的人少的原因。然而，一旦你获得其中的技巧，并学以致用时，你的情商一定会变得越来越高。然后，你会发现自己的处事能力变强了，人际关系变顺了，事业取得了成功，内心更具幸福感，且更加平和。

你会发现，由“情商”创造的奇迹，也会在你身上一一得到验证。

目　录

第一章　自知力：自知之明，是最难得的见识………………1

1.认清自己，才不至于前途迷茫………………2

2.不要自负，也不要自我辜负………………6

3.承认自己不如人，其实是最高的情商………………10

4.别人走的路，也许你就走不了………………15

5.不在意，是对轻视的最好回击………………19

6.赞美自己，给自己一缕阳光………………23

7.告别虚幻的童话，活出真实的自己………………27

第二章　自信力：高看自己，你原本就是很厉害的人……31

1.自卑自弃是一个人卑微至死的原罪………………32

2.拥有强者心态，人生才会变得更成功………………35

3.永远不要试都没试，就对自己说不行………………39

4.赶走自卑，才能获得成功的本钱………………43

5.激发潜能，展现自己的超能力………………47

6.人之所以能，是因为相信能………………51

7.从小世界走向大世界，创造无限可能 …… 55

第三章 自律力：能自律的人，往往活得都很高级 …… 59

1.你要学会自律，才不会平庸至死 …… 60
2.自律是最有力的鞭策 …… 64
3.成熟的人自律而清醒，不会刻意强求 …… 68
4.让生活慢下来，守住本心 …… 72
5.勤劳才能换来轻松，懒惰只会让你更累 …… 76
6.不断更新，不断进步，做人生的"常胜将军" …… 80
7.凡事要有度，放纵就是魔鬼 …… 83

第四章 自制力：如果你不管理情绪，就会被情绪反制 …… 87

1.你不是脾气大，而是自制力太差 …… 88
2.掌控情绪，决定你的人生格局 …… 92
3.不要在该理性的时候太感性 …… 96
4.控制情绪，得理也要学会饶人 …… 99
5.管理好情绪，别让小麻烦变成大麻烦 …… 104
6.少些抱怨的情绪，多些感恩的心 …… 107
7.得意之时莫张狂，失意之时莫彷徨 …… 111
8.你可以反击别人的羞辱，但不能失了理智 …… 114

第五章 自愈力：生活本身很痛苦，但不妨碍我们热爱它 …… 117

1.坦然接受最不喜欢的事情 …… 118

2.换个角度看，伤害不只是苦难 …………………………………… 122
3.活在当下，充实每一个“今天” ………………………………… 125
4.分享是一种智慧，更是一种快乐 ……………………………… 130
5.不苛求和为难自己，只做自己能做的事 ……………………… 134
6.远离偏见，成为理智的思考者 ………………………………… 138
7.幸福没有固定的模式，关键在于你内心的选择 ……………… 142
8.不怕走弯路，人生才会更加出彩 ……………………………… 146

第六章　展示力：你的能力，要学会用套路讲出来……… 151

1.有事没事，晒一晒你的忠诚 …………………………………… 152
2.培养恰到好处的存在感 ………………………………………… 155
3.找到你的卖点，让自己成为爆款 ……………………………… 159
4.领导面前要学会适当“装傻” ………………………………… 162
5.职场上，会“舍”才有“得” ………………………………… 166
6.有机会就要当仁不让 …………………………………………… 170
7.“分内”还是“分外”，别太较真 …………………………… 174

第七章　沟通力：你说话的深度，决定你人生的高度…… 179

1.所谓语商高，就是说话让人心里叫好 ………………………… 180
2.非常会聊天，人脉永远不衰败 ………………………………… 184
3.投其所好，就会“心意相通” ………………………………… 188
4.话不多，但有分量，才算会说话 ……………………………… 192
5.说话有逻辑，就有说服力 ……………………………………… 196

6.直话弯说，直的是人心，弯的是策略 …………………… 199
7.深层次对话，你需要学会倾听 …………………………… 205
8.幽默的人，情场春风很得意 ……………………………… 210
9.善意的谎言，更胜残酷的诚实 …………………………… 214

第一章 自知力：自知之明，是最难得的见识

DIYIZHANG

俗话说“知己知彼，才能百战百胜”。自知力，是一个人的高级情商。当你准确地知道自己的优势和不足，进一步明确自己的角色定位，不迷茫，不摇摆，不盲从，能够如实地掌控自己，找到最适合于自己的成长途径，如此你所做的事情多半会得心应手。

1.认清自己，才不至于前途迷茫

这个世界最难懂的不是晦涩的道理，而是我们自己。认清自己，需要一定的智慧，更需要较高的情商。只有认清自己，才能控制自己、管理自己、激励自己，不断改变。

可认清自己不是容易的事情，所以当有人问哲学家苏格拉底："您认为人生中最不容易做到的事情是什么？"苏格拉底只说了简短的五个字："认清你自己。"

听到这个答案，有些人可能会忍俊不禁，心里甚至会这样想：我都从一个呱呱坠地的婴儿变成如今的成人，还有什么认不清自己的呢?

如果这样想，就大错特错了，因为认清自己与年龄无多大关系，不是说年龄越大，对自己的认识就越深。正如苏轼在《题西林壁》中所说的："不识庐山真面目，只缘身在此山中。"生活中不乏一些这样的人，看似对自己非常熟悉，但其实对自己一点儿都不熟悉。

事实上，情商高低之分不在性格、年龄以及任何外在东西，关键在于是否能够真正认识自我、看清自我。情商高的人不是没有缺点和不足，而是他们知道自己性格中的优点和缺点，并且能够将优点发挥得淋漓尽致，同时减小和削弱缺点的不良影响。

情商高的人明白，若是不能真正看清自己，明白自己的优势和劣势，只能浪费时间与精力做一些徒劳无益的事。若不能认识自己，将自己的优势和潜力发挥到最佳状态，恐怕只能走上错误的道路。

然而，现实生活中，情商低的人比比皆是，他们有的错误地高估自己的能力，一味地打肿脸充胖子，结果反而让事情变得越来越糟糕。当然，也不乏一些妄自菲薄的人，明明有能力却因信心不足而不敢发挥，不敢勇敢前行，以致白白错失大好机会。

不管是前者还是后者，这样的人情商都很低，不能正确地认识自我价值。所以，若想要获得成功，我们就应该量力而行，根据自身情况做出合理正确的评价，扬长避短，成就更优秀的自己。

深山里有一头驴，每天都辛辛苦苦地拉磨，日子过得平淡如水，一眼望不到尽头。驴不想自己的余生都是这样，便想走出深山，去外面的世界走一走、看一看。

自从心中有了这个想法，驴早也想晚也想，每天都在想如何才能寻找机会去看看外面的精彩世界。盼星星盼月亮，驴终于等到一个千载难逢的好机会。这天，家里的主人要到山脚下的集市上搬一些东西，便把驴带去驮东西。

好不容易走出深山的驴，一路看什么都觉得稀奇，心里特别高兴。下山后，主人把其中一样东西放在驴背上，就转身搬其他东西了。让驴颇感意外的是，自从背上驮了东西以后，集市上的行人看到驴后就纷纷下跪行起礼来。

起初，驴不明就里，认为人们不可能跪自己，但后来它发现一个问题：只要是自己走过的地方，人们无一例外地都会下跪朝拜。看到人们的行为，驴心里有些飘飘然，它确信人们跪的就是自己。

于是，它开始沾沾自喜，心想：看来我不是一头普通的驴，要不然人们怎么可能跪拜我呢?

有了这次的经历，这头驴回去后心态开始变了，认为自己不是一头普通的驴，所以不用从事这么辛苦的工作，于是，不再干活。由于整天不干活，食量还大，主人家养不起这头懒驴，便把它赶了出去。

出了深山的驴自由了，不用受到任何束缚，它开心极了，便一路狂奔着跑到集市上。远远地，驴便看见人群中有不少敲锣打鼓的人，心想："难道是人们知道我今天下山，特意来欢迎我的吗？"不自量力的驴，于是直挺挺地站在马路中间，妄想人们像上次那样对它跪地朝拜。

但这次，人们见到驴在路中间挡着去路，便拿着棍棒和石头把驴一顿猛揍。被打得遍体鳞伤的驴，撑着最后一口气回到深山，对主人说："之前山下的人对我跪拜，可今天他们却完全变了样子，恨不得一棒打死我，他们实在是太坏了，还是深山里好。"

驴主人听完后，叹了口气说："你认不清自己还抱怨人类对你不好，要知道之前人们对你跪拜，并不是因为你有多能干，而是因为你背上驮着佛像。"

可惜的是，这头驴至死才明白这个道理。驴对自己没有一个清楚的认知，误以为自己是一头高贵的驴，人们是在跪拜自己，却不知人们跪拜的是自己背上驮着的佛像。正因为它没有认清自己的情商和智慧，所以它才做了这样一件蠢事，弄丢了自己的性命。

认清自己，才不会迷失自己，才能看清什么适合自己。所以，不管何时何地，人都要有自知之明，对自己有一个清晰而准确的认识，既不妄自菲薄也不狂妄自大，不管做什么事都从实际情况出发，这样才能更好地提升自己、完善自己，得到一个更好的成长机会。

2.不要自负，也不要自我辜负

自负是人性的一大弱点。自负的人往往高看自己，做出错误的判断和决定，从而连连犯错。生活中，我们不能自负，过高地估计自己。可是，也不能低看自己，认识不到自我价值，因为低看自己容易自我辜负，使自己越来越不自信，生活越来越糟糕。

不知道大家有没有听过这样一个词语——“自我选择效应”。简单来说就是，每个人将面临多种选择，一旦你选择了某条人生道路，就存在朝着这条路一直走下去的惯性，并不断自我强化。

就自我评价这方面来说，你若是选择相信自己，这种思想就会一直维持下去，并且不断强化，使你越来越自信、强大，从而遇到更多积极和美好的事。相反，你若是选择看低自己，就越来越看不起自己，导致生活越来越糟糕。

所以，认识自己，选择欣赏自己，然后按照自己喜欢的方式生活，才能不辜负自己。只有不辜负自己，才不会辜负人生大好的时光。

欣赏自己，是对自我价值的认可，是一种由内而发的自信姿态。学会欣赏自己，我们才能发现自己的独特魅力，不会根据别人的看法厌恶、贬低自己，不会按照别人的标准生活，更不会辜负自己的人生。

现实生活中，能够真正欣赏自己的人少之又少，很多人不能认识自我价值，结果只能在辜负自己的道路上越走越远。

一位年轻人非常喜欢画画，经过几年的努力，终于画出自己满意的画作，但是，他不知道自己水平如何，有何不足。于是，他把自己的画拿到集市上，摆在热闹的十字路口，并在旁边写了一行字："如果你觉得哪里不好，请指出不足之处。"

过了一段时间，年轻人兴致勃勃地来拿画，当他看到画作被标上密密麻麻的不足时，简直惊呆了。年轻人非常伤心地说："我努力学习好几年，觉得自己的水平已经有所提高，想不到自己的画有这么多不足的地方，难道我不适合画画？应该放弃吗？"

接下来，年轻人心灰意冷了很长一段时间。朋友见他如此消沉，便关心地问是怎么回事。当朋友知道事情的原委后，笑着对他说："明天，你不妨拿着同样的一幅画再去集市，不过这次把那行字改成'如果你觉得这画不错，请指出最满意之处'，相信你将得到不同的结果。"

对于朋友的话，年轻人半信半疑，但还是照做了。结果，当他再去拿画时，发现画上也画满了满意的标记。这标记和当初那些不足之处几乎完全相同。

这个故事让我们明白：没有人比你更了解自己，想要得到别人的夸奖，先要学会欣赏自己，欣赏自己的独特和努力，才能让自己变得更加出色和精彩。换一个角度，一旦你无法看到自己的价值和魅力，内心就会胆怯、自卑、彷徨，从而辜负自己的才华和人生。

人生道路上，我们不能自负，不知天高地厚，过大地夸大自己的能力和价值，但也应该相信自己，相信自己是独一无二的，是优秀的。说到底，欣赏自己，实际上是对自己的尊重与认可，也是成就自己和努力赢得美好人生的前提。

欣赏自己比欣赏别人困难很多，这需要我们有足够的自知和自信，以及更多的胆识和勇气。更重要的是，这需要我们不把自己看成一块普通的石头，而是能够拂去宝石外面的浮尘，窥见内在的真正价值。

一个年轻人非常向往财富，独自一人寻找。他跋山涉水，历尽千辛万苦，终于来到一片热带雨林。在雨林中，他发现一种能够散发出浓郁香味的树木，如果把它放在水里，它不会浮在水面，而是沉到水底。

年轻人觉得这棵树木很珍贵，肯定能卖很多钱，为自己带来财富。于是，他满心欢喜地带着香木到市场去卖，可是却没有人能看出它的独特之处。几天下来，根本无人问津。

慢慢地，年轻人开始怀疑自己，怀疑这棵树木根本没有任何价值。再加上，别人的树木卖得非常好，他不禁有些急躁、失落。

又过了一段时间，年轻人真的放弃了。他想，既然这棵树木不值钱，为什么不把它烧成木炭，这样还可以卖些钱。想到这儿，年轻人把香木全都烧成木炭，然后很快就卖光了。

事后，当他向一位经验丰富的商人说起自己的经历时，商人震惊了，深深地叹了口气，说："孩子，你烧成木炭的香木，是世上最珍贵的树木——沉香。你只要切下一小块磨成香粉，它的价值远远超过一车的木炭！可是，你竟然把它烧成木炭，当作价格便宜的木炭卖了，这实在太可惜了！"

这个年轻人就是因为不相信自己，才让世界上原本最珍贵的"沉香"变成最平常的木炭。事实上，生活中有多少人曾犯过同样的错误？更可悲的是，很多人明明自己就是“沉香”，却没有认识、欣赏自己，错把自己当作便宜的木炭，只能平庸、庸俗地过一生。

所以，这个世界上，不论其他人怎么看你，其实都不重要，重要的是你怎样看自己，选择自我成就还是自我辜负。坚持自己是“沉香”，不辜负自己，我们才能做最真实的自己，赢得最美的姿态和人生。

3.承认自己不如人，其实是最高的情商

“人非生而知之者”，我们每个人总有这样或那样的不足和缺陷。这些不足和缺陷都不是最可怕的，不会可以学，可以扬长补短！

最可怕的是，我们不敢承认自己不如人之处，不能冷静看待别人的优秀，死撑脸面，放不下架子，郁郁寡欢，牢骚不断，甚至掩饰自己的缺点和错误。这样只能掩耳盗铃，无法完善和改变自己，毁掉自己的前程。

聪明的人能够清楚地认识到自己性格、能力、才华等方面的正面和负面影响。更重要的是，他们善于管理和完善自己，谦和地向身边的人请教。这就是他们高情商的体现。

范老师是一位一流的小提琴演奏家，来找他拜师学艺的孩子特别多。他常常说：“琴声是最好的教育。”指导孩子的时候，范老师从来不多说话，更不会指责他们哪里拉得不好。每当学生拉完一曲，他总是把这一曲再拉一遍，让孩子们从听音乐中得到教诲。

一次，范老师班级里来了一位新生。在课堂上，这名新生给大家拉了一首短曲。新生演奏完毕，其他学生都等着老师把这一曲再拉一遍。但这一次，范老师却把琴放在肩上，久久没有奏响。

过了好一会儿，只见范老师把琴从肩上又拿了下来，站在那

儿沉思着。

看到这情景，学生不明白发生了什么事。这时，范老师抬起头来微笑着说道："你们知道吗？这名新生拉得太好了。刚才的短曲实在太棒了，我觉得自己没有资格指导他，我的琴声对他只能是一种误导，所以，今天我不拉琴了，要好好和他学习一下。"

全体学生静默片刻，没有想到范老师如此谦逊，然后爆发出一阵热烈的掌声。

"谦逊"两个字，我们都知道，但真正能做到的人却不是很多。范老师是一位谦逊的人，更是一位情商极高的聪明人。他虽然有名望、有才华，却能够在大庭广众之下承认自己不如学生，真心地赞美对方的优秀，而没有担心这样会丢自己的面子，降自己的身价。正是因为范老师拥有磊落的胸怀和可贵的品格，所以，才赢得家长和学生的尊重和欢迎。这也值得我们学习。

现实生活中，我们想要更好地了解自己，首先要学会承认自己不如他人，也就是敢于承认自己的不足。承认自己不如人，这不会丢面子，也不会失架子，反而会让我们赢得别人的喜欢。这是一种有能力、高情商的表现，也是睿智的象征。

如果一个人只知道讲面子、摆架子，不敢承认自己的不足，这个人怎能取得更大的进步和发展呢？这样的人不仅无法进步和发展，还可能陷入迷惑和苦难而不自知。

情商主要体现在与人的沟通上，而沟通就必须交流，把自己的个人形象展示给其他人。与人交流的时候，你骄傲自大，说话狂妄，不把别人放在眼中，别人怎么愿意与你相处？相反，若是你谦虚谨慎，承认和别人的差距，认识自己的不足，又怎会不赢得别人的尊重和欢迎？

我们知道，世界首富比尔·盖茨是一位高情商者，他能够正确地评价和看待自己，并且谦虚地听取别人的意见。

有一次，比尔·盖茨为员工做演讲，赢得全体员工的喝彩和欢呼。在喝彩声中，他听到了一句“不好”，是一位基层员工说的。要是换作别人，肯定觉得难堪，觉得员工让自己下不来台。

但比尔·盖茨并非如此。下台后，他专门找到这位员工，谦虚客气地说道：“我听到你说不好，想必你有自己独到的高见。在这里，我恭请赐教，期望能够亡羊补牢……”

或许你觉得他是在作秀，为了赢得良好的形象，其实并非如此，他私下里非常低调、谦虚。作为董事长，比尔·盖茨由自己的助理准备各种讲稿，他只要照着讲就可以了。但每次演讲前，盖茨都会仔细批注并认真练习。

更重要的是，每次演讲完，他都会和助理交流，虚心地询问对方：“我今天哪里讲得不好？你在这方面比我有经验，请告诉我，如果是你会怎样……”当助理给出意见时，他还会拿个本子认真地记下自己哪里做错了，以便下次更正和提高。

比尔·盖茨如此成功，却还能这么谦逊，放低姿态向下属请教，我们又有什么资格自负呢？事实上，生活中很多情商低者，他们内心时常有胜过别人的想法，总想着自己能强于别人。若是他们肯正确认识自己，通过努力超越别人，或许还算是比较有能力、有志气的。

可这些人往往比较自负、自傲、爱嫉妒，一旦发现自己不如人，就会因为爱面子而挑剔、贬斥别人取得的成就是“走了狗屎运”“瞎猫撞见死老鼠”等。不妨看看下面这个例子！

小辉在一家公司工作四五年，眼看和自己一起进公司的人升职的升职、加薪的加薪，自己却依然在原地踏步，心里便不平衡起来。他整天不是抱怨老板对自己不公平，就是骂同事“走了狗屎运”，背后使了见不得人的手段。可是，他从来没有反省过自己，从自己身上找原因。

朋友见他如此，便劝说：“既然别人得到提升，自然有人家的价值所在，你为什么不好好反思一下，看看自己需要在哪些方面努力，然后多学习一下别人……”

谁知，小辉鼻子一哼，气恼地说:“学习他们？你是不知道，小刘才本科毕业，哪有我研究生学历高；小张连个简单的游戏都玩不好，哪有我聪明……”

在这种心态下，小辉对单位和同事满腹怨言，工作表现自然越来越不好，惨遭单位辞退。到最后小辉还是不明白自己为什么被淘汰，说老板没有眼光。最后，老板无奈地说：“除了你，公司所有的人都在进步，我原本希望你可以多跟大家学习一下，赶紧跟上来，但你根本没有认识到自己的不足，反而处处不服气，更别提提高自己了……对不起，我们不想被扯后腿……”

看吧！小辉就是这样自己能力不行，还不知道谦虚请教，只知道嫉妒、抱怨别人。试问，这样低情商的人怎能有好的前途？又怎能赢得别人的青睐呢？试想，若是小辉能够看到别人的长处，作为镜子，然后改正自己的缺点和毛病，又怎能落得如此地步？

所以，我们应该多观察那些比自己优秀的人，客观地评价一下自己和对方，找到不足和差距，然后有针对性地提高，这样一来，我们才能提升自己，并且做得更好。

当然，虽然承认和别人的差距，认识自己的不足，的确有一点儿难为情，但这正是它难能可贵之处。通过向别人学习，将自己打造得越来越优秀，到时候，无论你走到哪里，都能得到青睐和追随！

4.别人走的路，也许你就走不了

很多人都知道，电脑上有复制粘贴的功能。复制粘贴的最大好处就在于，可以将相同内容的文字由一个界面移动到另一个界面，大大节省时间，提升工作效率。看起来，这个功能似乎蛮强大，让人不用花费太多时间就能将重复的工作一气呵成。

因此，有些人便投机取巧，妄想复制他人的成功，让自己不费吹灰之力就能拥有一切。这样的人以为自己是聪明的，可以轻易成功。事实上，他们愚蠢至极，因为不明白成功需要自己的努力才能获得，复制来的成功，或许能让你获得什么，但终究无法经受时间的考验，变得长久。

如果我们只看到他人表面的成功，却不认真琢磨他人取得成功的经验，盲目地将他人成功的模式复制粘贴在自己的人生路上，只会导致空欢喜一场。

这是因为，情商的主体不在于“关注别人”，而是在于“控制自己”。所谓情商，就是我们情绪、情感、意志、耐受挫折的能力或品质等方面的综合体现。若是你不能好好地充实自己，根据自身条件设置专属自己的成功之路，如何能更好地努力向着成功迈进呢？

模仿他人，是无法认识自我、控制自己的表现。你把关注点集中在别人身上，一味想要复制别人的成功，而忽视了自我价值的发挥，就连真正优秀的自我都无法实现，又怎能真正成功?

李星一直做家纺生意，前几年赶上大好形势，再加上善于经营管理，所以他的家纺生意做得风生水起。经过几年的辛苦打拼，李星手中有了一定的积蓄。

工厂效益步入正轨，手中又有了闲钱，李星便一直计划着做点投资，想“钱生钱”，为自己赚取更多的经济利益。因苦尽甘来终于拥有如今来之不易的生活，妻子担心他在其他领域投资失利，便劝他脚踏实地做自己的老本行，这样不会有风险。

但固执的李星觉得做老本行收益太慢，便一门心思惦记着寻找一条快速赚钱的捷径。

李星在和一个生意场上的朋友吃饭时，听对方提起他这几年用闲钱购买基金赚了几十万时便心动了。尤其是听对方说随便学习一些理论知识，再关注一些专家讲座，就能掌握一些基本要领和窍门时，李星满心欢喜，为自己寻找到一个快速赚钱的方法而高兴不已。

待饭局结束，李星便去相关银行做了详细咨询与了解。看着宣传资料上的数字，再结合朋友的成功案例，内心便打起自己的小算盘：一般情况下，基金的年收效不会低于20%，如果将手中的闲置资金60万全部投入，一年岂不是什么都不做就能有12万的收益？这“钱生钱”的方法，确实不错。

想到这，李星心里便乐开了花。因为害怕妻子唠叨，李星偷偷将经营家纺生意赚下的60万全部投入到基金方面上。当朋友听说他的这一举动后，好心劝他：“基金和股市一样也有风险，还是谨慎一点好。”他却满不在乎地说：“怕什么，你不是一直都有赚吗?

怎么，你吃肉，我就不能跟着吃肉啊！”

听到这番话，朋友不好再说什么。就在李星整天做着“钱生钱”的美梦时，股市崩盘，基金随之受到影响。转眼间，李星的60万缩水，只剩下了30万。

看着昔日累死累活挣下的辛苦钱，就这样凭空消失一半，李星这才醒悟过来，明白自己盲目复制粘贴他人的成功是一种很可笑、低情商的行为。

这就好比山上有一块灵芝，第一个去的人挖到了，后面有人听到消息，再去的人恐怕连灵芝的影子都看不到，只能两手空空扫兴而归。

别人走的路，也许你就走不了。人生路上，我们不要看到他人收获成功，就不加分辨盲目追随。要知道，在我们眼里，看似平坦的大道，也有可能波涛汹涌，暗流涌动，如果我们盲目走上去，遭遇危险不说，还有可能让自己陷入无路可走的境地。

但生活中偏偏有那么一些看似聪明、实际愚蠢的低情商者，看到别人做什么，就盲目跟风效仿，也不管自己是否有这方面的需要，就先跟上去站队，反而让自己白白承受一些不必要的损失。

社会在发展，时代在进步，每天都有不同的人在不同的领域获得成功。他们的成功除了自身努力外，也离不开自己积累多年的经验与人脉，我们千万不能生搬硬套。

哪怕是自己在某些方面有过成功的经验，回过头来再做同样的事情，也不能复制粘贴。因为时机、环境不同，之前的方法与经验不一定完全适用，一味地复制粘贴，只会让自己走上弯路。

与其盲目追随他人的脚步，效仿他人的成功模式，倒不如好好认识自己，根据自身条件制定成功战略；不断提升和充实自己，勇敢尝试和行动，从而让自己具备更多的经验与丰富的阅历。当我们发挥自己的优势，找到适合自己的道路时，便可抓住大好机会，不做别人的跟随者，而是做别人的引领者。

如果我们不能提升自己，不能善于发现生活中的一些有用信息，只顾追随他人的脚步，再好的机会，也会从我们面前悄悄溜走。

这就是有的人整天玩手机、看电视，却对世间百态一点都不了解的原因，他们关注的点不在这上面，自然不会发现任何对自己有帮助的信息。

为什么他们关注的点不在对自己有帮助的信息上面？除了自身对信息缺乏敏感度外，他们还缺乏一种危机感与紧迫感，才会懒得关注、整理、挖掘、发现。想要改变这种情况，让自己从众多的信息中寻找到对自己的人生之路有帮助的信息，除了不断收集信息外，还要用理智而清醒的头脑对这些信息加以筛选，分辨真伪。

只有做足充分的准备工作，才能运用平时学到的知识与经验选择一条适合自己的路，并坚定不移地走下去。

5.不在意，是对轻视的最好回击

有人说，情商低的主要表现就是摇摆不定。事实确实如此，情商低的人无法自我控制，甚至无法控制自我的情绪反应。他们时常因为别人的批评或是意见而心绪不宁，怀疑自己，因为别人的一句质疑就左顾右盼，瞻前顾后，甚至放弃自己多年的梦想和目标。

这一切都是因为这些人不够自信。因为不自信，他们敏感、自卑，过于在乎别人，往往用消极的方式面对问题，常常害怕、退缩、易放弃，甚至频繁地想要得到别人的肯定和认同。

欣欣是一个文静聪明的女孩儿，从小就热爱文学，渴望长大后成为一名作家。为了实现这个目标，她努力地学习文学知识，阅读大量的国内外文学作品，汲取着丰富的知识。

大学毕业后，她开始写小说，一年后完成一篇爱情小说。欣欣非常高兴，对自己的作品非常满意，于是兴高采烈地拿给好友看。可惜的是，这位好友平时最不喜欢看爱情小说，而且，也不喜欢码字的工作。她草草地看了一遍，摇摇头说道："不好，拖泥带水的作品怎能打动读者呢？你不适合当作家，还是为自己重新找一个方向吧！"

听完朋友的话，欣欣非常难过，心想："看来我真的不适合写作，永远也成为不了作家，还是放弃吧，否则只能耽误时间和精力。"就这样，欣欣放弃了多年的梦想，找了一份踏实的工作。

多年以后，欣欣虽然已经事业有成，但心里还是喜欢写作，那是她儿时的梦想。可想到自己不适合写作，她也只能在心里为自己的梦想惋惜，感叹人生的不如意。

不过，一个偶然的机会，欣欣结识了一位著名作家，当她和作家谈及当年自己的小说时，这位作家不禁惊呼："情节太动人了，你能在那么短的时间里编造出那么精彩的故事，真是不容易！你是当作家的料，而你却放弃了写作，实在是太可惜了！"

是那位朋友让欣欣错过梦想了吗？不是的！其实，根源在于她自己，是她太不自信了，以至于被别人的一句话左右，从而丢掉梦想。

人与人之间其实没有什么区别，只是有人自信满满，敢说敢做，敢于表现自己，更敢于争取自己想要的东西。有的人则不敢相信自己，在别人对自己的评价中缩回自己刚刚施展开的手脚，压抑抱负和理想。这不仅仅是情商的差别，更是人生格局和成败的差别。

故事中的欣欣聪明、有才华，却因情商低、不自信而毁掉自己的梦想和未来。这又是谁的错呢？

自信是自己相信自己的一种能力，是别人所不能给的，是发自你内心深处对自己价值的肯定。真正自信的人，不在意别人的轻视和批评，甚至能够迎难而上，努力证明自我价值，做出一番出色的成绩。这才是真正的高情商。

情商高的人，不会因他人的风言风语而乱了方寸，也不会让轻视者打垮自己。他们知道，要做的是自己的事情，与别人没有任何关系。为什么要让别人影响自己的步伐，甚至决定自己的人生呢？

其实，别人不重视自己时，我们的生活只不过是少了一种快乐而已。除此之外，他们并不能把我们怎么样。而且，你想做一个否定自己而默默无闻的人，或是一个有着丰功伟业的人，全在于你对自己的评价，别人也许会因为你的自我评价而等量齐观地评价你。

退一步说，有些人之所以轻视我们，不一定是因为他们比我们好或强，也有可能是因为我们更优秀，他们心里不平衡，“吃不到葡萄说葡萄酸”。既然是这样，你就更不必在意了。

我们都是独立的个体，有着属于自己的想法和目标，也应该过自己想要的生活。虽然我们需要谦虚听取别人的意见，需要与这个社会融为一体，但这绝不意味着我们要因别人的意见而改变自己，更不意味着因别人的轻视而自我嫌弃。

更何况众口难调，每个人都有不同的看法，你不过是在走自己的路而已。因此，不要一味地在乎旁人的重视程度，要对自己充满信心。

李静进入公司不到三年，因为工作非常优异，所以被领导破格提拔，从一个普通会计晋升为财会小组长。遇到这样的好事情，李静心里自然是美滋滋的，上下班路上都哼着小曲儿，但很快，这种好心情就被破坏了。

一个同事心里不平衡，觉得自己是老员工，凭什么这么好的机会让资历尚浅的李静“捡”了。于是，对李静的态度尖刻起来，说话很不客气，有时还带着“刺”：“有些人爬得真快，也不想想是谁在给她垫着背”“人家年轻人长得好看，悄悄抛一个媚眼儿，自然就能得宠”……

听到这些，李静自然明白对方所指，很是气愤，但是理智控制了情感。办公室就几个人，她也不想搞得很僵，毕竟还要彼此沟通，自己也要发展和进步。于是，每当同事对自己风言风语时，李静都是大人不计小人过，嫣然一笑，继续埋头工作。

就这样，李静顶着被否定的心理压力，不断地提高、完善自己，工作成绩越来越好，又一次次得到领导的表扬。时间久了，这位同事也觉得李静的工作能力的确比自己高出不少，便不好意思再说什么。

你是不是也遇到过李静这样的情况，因为别人的嫉妒心而被否定、说闲话？那你又是如何面对问题的呢？如果你不知道怎么面对或是想要逃避，就学习李静吧！

基于情商的自信，是在正确认识自己和理解别人的前提下获得的。所以，无论什么时候，我们都应该学会善待自己，做更优秀的自己。

不在意别人的话语，信心满满地做自己的事情，这才是聪明的选择。这是因为，不在意是对轻视的最好回击。只要我们端正心态，始终相信自己，这种轻视行为就伤害不到你，拖不垮你，拉不倒你，挡不住你，影响不了你的情绪，更左右不了你的生活。做自己应该做的事情，用实力努力证明自己，让对方望尘莫及，他只能尊敬、欣赏你。

更重要的是，只有你够自信，不自我怀疑和贬低，不因别人的轻视而摇摆不定，才能唤醒内心的巨人，成就自己的不凡事业。

6.赞美自己，给自己一缕阳光

世界著名艺术家毕加索说："你就是太阳。"这绝非狂想，更不是疯人之语，而是一个独立思考者对自身的欣赏和讴歌，更是一种高情商的体现。

毕加索是想用这句话告诉我们，每个人都是优秀的，只要善于发掘自己，发自内心地赞美自己，终会将那个"太阳"从深深的角落里寻找出来。

我们知道，赞美是情商高的体现，不仅仅包括善于赞美别人，更包括对自我优点、长处的赞美。丹尼尔·戈尔曼认为，自我激励是情商的一个主要内容，它可以让我们调动和控制自我情绪，使人生充满自信、乐观、向上的积极情绪，然后走出生命低潮，重新向着人生目标出发。

所以，学会赞美自己吧！当你高情商地赞美自己，给予自己十足的激励时，便可以找到更好的自己，成就更精彩的人生。

李思雨是一个家境普通、长相普通的男孩儿，但仅仅毕业三年，他就从最初的普通员工晋升为部门总监，在事业上取得斐然的成绩。

他有什么成功秘诀吗？还是比任何人都幸运？其实不是，是因为他善于赞美、激励自己。

刚刚毕业时，李思雨在北京商务中心区（CBD）的各大写字楼间找工作。他虽然毕业于一所重点高校，成绩非常不错，但因为缺乏工作经验，屡次被“推”到门槛之外。

刚开始，李思雨有些泄气，斗志也被打消不少。但经过一番思考，他知道自己不能消沉下去，否则只能一事无成。于是，他对自己说：“你在校成绩优秀，认真踏实，又能吃苦耐劳，你是优秀的、有价值的，一定可以寻求一份理想的工作。”

紧接着，李思雨的斗志又被重新唤醒，他将目标转移到中关村。在这里，他终于找到了自己的理想职位——一家上市信息技术（IT）公司的程序员。进入公司后，面对激烈的竞争，他时常把这句话挂在嘴边：“你是优秀的，你的价值无人能比”“只要你努力，就可以更优秀”！

事实证明，自我激励和自我赞美让他越来越充满自信，并且以一种积极的心态面对生活和困难，最终获得突出的成绩。

可以说，自我赞美是我们建立自信的一个支点，更是成就事业的动力。每个人多多少少有那么一点虚荣心，都希望得到赞美。重视自己在别人心中的形象，看重他人对自己的评价，无可厚非，但做人应该主动，比起等待别人的赞美，还不如自己先对自己竖起拇指。

情商高的人绝不会被动等待，而是主动出击，他们不仅聪明地赞美和鼓励别人，更不忘为自己喝彩。他们身上虽然有这样那样的缺点，但却从来不妄自菲薄，而是积极发掘自身优点，然后，从容地赞美自己。

他们会对自己说：“你虽然没有姚明那么高大的身材，但渊博的学问也能让你看起来更高大。”“你虽然没有美丽的容颜，可是有动人的声音同样可以让你受到瞩目。”“你虽然不擅长演讲，但很善于倾听……”“你有这么多优点，难道还不优秀吗？还有什么值得抱怨和自卑的？”正是因为他们懂得赞美和激励自己，所以才获得了比别人更好的成绩。

相反的是，情商低的人就不是如此了，他们总是对自己说：“我的鼻子不够挺拔，眼睛也小了一点。”“我的能力不行，不能胜任这份工作。”“我的个子不高，身体素质也不算好。”“我什么都不如别人，还没有一个好家庭……”结果，因为自惭形秽，悲观失望，他们只能迎接失败、悲惨的人生。

小军和小雷是一对双胞胎兄弟，长得非常相似，从小到大都穿一样的衣服，理同样的发型，上同一个班级，就连兴趣也出奇相似：踢足球、玩滑板。但不论是邻居还是朋友，不论是老师还是同学，仍然一眼就能辨别出谁是哥哥，谁是弟弟。兄弟两个的性格很不一样，尤其是在自信方面。

哥哥小军非常自信，处事从容大度，性格也非常乐观。弟弟小雷由于从小身体比较弱，父母照顾得多，性格优柔、自卑。他觉得自己什么都做不好，什么都不如哥哥，所以从小就表现得胆小怕事、畏畏缩缩。

这样的性格也影响了他们的人生道路，事业成败。大学毕业后，兄弟两个进了同一家房地产公司做售楼员。时间不久，哥哥就被提升为销售部经理，而弟弟则被调离销售部。为什么呢？哥哥总是很自信地面对客户，即便遇到难缠的客户，也能游刃有余地解决，业绩突飞猛进。弟弟一直很自卑，面对客户时胆怯心虚，说话会突然口吃，很难说服客户，业绩一塌糊涂。

同样是兄弟，出自一个家庭，一个情商高、自信且积极，一个情商低得可怜，无法控制自卑的性格，更不懂得改变自己，人生轨迹完全不一样。

由此可见，情商是决定一个人成败的重要因素。一个对自己没有信心，总认为自己不好，看不起自己，乃至自卑自怜、自暴自弃的人，根本无法发挥自己的才华和个性，又何谈取得人生的成功呢？

所以，我们若是想要获得成功，就必须提升情商，学会自我赞美和自我激励。这实际上是对自己的尊重与认可，也是成就自己、体现自身价值的前提条件。如此一来，我们才能获得自信，完成自我拯救和自我完善，实现自我价值。

7.告别虚幻的童话，活出真实的自己

很多人喜欢童话，也喜欢为自己编造一个美丽的童话。比如，女孩子时常幻想自己能遇到英俊王子，和王子过上幸福快乐的生活；男孩子则时常幻想自己是英勇的武士，能够战胜所有怪兽、敌人，迎娶“白富美”，走上人生巅峰。

童话是美好的，现实却是残酷的。我们不得不面对现实，面对生活的各种问题、挫折、困难。我们也必须分清童话和现实的区别，不能让自己一味地陷于童话的幻想中，否则只能给自己增加思想负担，不仅无法感受到生活的美好，更会蹉跎自己。

更何况，童话未必是幸福快乐的，现实未必是残酷无情的。若是我们能够正确认识自己和现实，用行动解决问题，便会使得现实变得更美好。

不妨看看我们身边那些情商高的人，他们爱自己但不哄骗自己，并将对生活的美好幻想付诸实际行动。结果，他们收获了美好的未来。而那些沉浸在童话中的低情商者，一心想要编造美丽的童话，逃避现实，不敢努力，结果美好的童话破碎，现实生活也惨不忍睹。

魏然和李星是大学同学，他俩拥有一个相同的职业理想，即做一名电视节目主持人。

毕业后，李星为了实现自己的梦想，跑遍本市每个电视台，但

都因没有工作经验被拒绝。不给工作机会，怎能获得经验呢？李星觉得这个要求太不合理。后来，他在招聘会上看到某县电视台正在招聘一名实习主持人，那个县城在山区，偏远荒凉，经济落后。

可李星已经顾不了那么多，他想：只要能和电视沾上边儿，能让我主持节目，让我去哪里都行。李星这一去就是一年，在这一年里，他积累了丰富的工作经验，主持能力也提高不少。当再次到市电视台应聘时，他轻而易举地就成功了，逐渐成为一名著名的主持人。

而魏然就不同了，他始终沉浸在自己的幻想中，妄想能不费力就获得童话般美好的人生。他没有主动寻找工作，而是经常对别人说："只要有人能给我一次机会，让我上电视，我相信自己准能成功。"他不断地企求上天赐给自己一个机会，等待了一年多，机会也没有光临。

他变得焦急、苦闷，又开始将梦想寄托到父母身上，"如果我父母是电视台的领导多好，我就……"结果，他被现实狠狠地打了脸，始终无所作为，成为落魄的待业者。

网络上有一个非常经典的段子："骑白马的不一定是王子，他可能是唐僧；带翅膀的也不一定是天使，那可能是鸟人。"这告诉我们，童话往往不是真实的，更不能展现真实的人生。我们可以有各种各样美好的幻想，但必须回到真正属于自己的现实世界。这是因为，命运不会宠爱幻想的人，更偏爱有实际才干的人。

童话本身没有错，关键在于你能否面对现实，用真实的理想代替无用的幻想。高情商的人，心态是成熟的，他们深知人生并非美好的童话，而是充满无奈、挫折、苦难。这都是每个人必须经历的，与其害怕、逃避，用所谓的童话欺骗自己，不如勇敢面对，挑起责任。只有正确面对现实，自己才能真正变得强大起来，迎来更美好的人生。

然而，低情商的人不懂得这些道理，与其说他们相信童话，不如说他们习惯逃避问题。想要用逃避来掩盖问题，掩盖自己的无能。殊不知，越是逃避和掩盖问题，困难和挫折就越来越难以战胜。

所以，我们应该正确看待自己，去面对现实的残酷，并且从美好的内心中得到正能量，将身心置于实实在在的现实中，看清日子的模样，活出真实的自己。只有如此，才能真正告别幻想，迎接更加美好的生活。

苏菲是一个生性浪漫的德国女人，年轻时幻想自己拥有一辆高端大气上档次的跑车，像男人一样享受风驰电掣的快感；幻想自己有一天能周游世界，去巴黎看歌剧，去日本看樱花；还幻想能找到一位英俊潇洒又幽默十足的英国绅士……

然而，她在工作的时候，不幸被机器碾压断了双腿，只能在轮椅上度过余生。她不能像往常梦想中那样自由地开跑车、周游世界，更不能嫁给梦想中的“白马王子”。她和一位男人结了婚，那个男人长相普通，而且也不幽默。

那些美好的幻想不可能实现了。认识到这点以后，苏菲觉得自己的人生糟糕透了，整日郁郁寡欢，后来干脆开始自暴自弃！

苏菲的丈夫是一个善良而聪明的男子，看到妻子这个样子非常心痛，不仅在日常生活中细心地照顾她，还经常开导她：“我知道你有很多美好的想法，但每个人都不可能预测未来会是什么样子。

如果你对生活感到失望，就将那些想法忘记吧，如此你才可能创造精彩的人生。”

在丈夫的引导下，苏菲慢慢地释然了。是呀，虚无的幻想只会白白浪费时间和精力，既然事实无法改变，为什么还要苦苦抱着幻想不放，让自己苦恼、痛苦呢？于是，她努力忘记那些幻想，开始踏实地生活，享受现实生活的真实和美好。顿时，她的痛苦不见了，感受到生活充满阳光。

由此可见，人不能活在虚幻的童话中，若是沉浸在自己营造的童话中，就会被残酷的现实打得抬不起头来。

所以，与其沉浸在童话中，被现实打脸，不如接受更真实的现实，勇敢地挑战现实中的困难和残酷。如此，我们才能活出真实的自己，并最终达到目标。

第二章 DIERZHANG 自信力：高看自己，你原本就是很厉害的人

世间的人千姿百态，而自信的时候是一个人最美的样子。高情商，是从骨子深处透出来的一种自信力。你会发自内心地肯定自我、欣赏自我，你会主动塑造新的自己，不断挖掘自身潜能。这是一条永无止境的路，你探索得越深刻，你的人生将会更加自信与丰富。

1.自卑自弃是一个人卑微至死的原罪

戴尔·卡耐基说过："世界上没有一点都不胆怯、害羞和脸红的人，包括我自己。人人都有，只是程度不同、持续的时间长短而已。"心理学家告诉我们，胆怯、自卑者大多是因为太在意别人对自己的看法了。

每个人都有自卑心理，只是有人强烈些，有人薄弱些，有人能够战胜它，有人却只能被它牢牢困住。但我们需要知道，自卑心理非常有害，若是我们无法战胜它，让自己自信起来，就可能永远无法成功，只能卑微无能地过一生。

事实上，许多成功者之所以做成大事，最重要的原因就是能够超越自卑，逐渐让自己走上自信的道路。超越自卑需要足够的勇气和动力，更需要我们不断改变自己，超越自己。

于是，卡耐基告诫我们："这个世界上根本就不存在生来就胆怯、自卑的人。这些心理的异常现象都是在后天的成长过程中因某种经历诱发生成的。既然是后天生成的，就能克服。"

我们如何摆脱自卑呢？关键在于努力克制自卑情绪，不让自己与自卑纠缠太久。一旦我们能够摒弃消极思想，努力挣脱那个自卑的自己，就可以由自卑走向自信。

维克多·格林尼亚出身非常优越，从小过着奢华的生活，因此养成随性、放荡的性格，俨然就是游手好闲、挥金如土的纨绔子弟。可是，他的骨子里却是自卑的，不知道自己能做什么。所以，他经常凭借英俊的外表以及丰厚的金钱追求女人，觉得这样才能显示自己的魅力。

后来，他却遭到一位女性的言辞拒绝和侮辱，自尊遭受很大打击，也使他决定改变自己。一次午宴上，他遇到一位从巴黎来的优雅漂亮的女伯爵，并被她的美丽迷人所吸引。格林尼亚认为凭借自己的魅力肯定能获得女伯爵的青睐，于是像平常一样追上前去搭讪，并且邀请她共舞一曲。

可是，女伯爵看都没看他一样，冷言冷语地说道："请离我远一些，我最讨厌被花花公子挡住视线！"女伯爵的轻视与讥讽，让他第一次羞愧难当，格林尼亚落荒而逃。

此时此刻，他终于认识到自己是那样的龌龊不堪，被人厌烦。一种强烈的自卑感油然而生，他觉得自己之前实在太荒唐了，无所事事，游戏人生。

为了改变自己，格林尼亚悄无声息地离开家乡，只身前往里昂，在那里隐姓埋名，并进入里昂大学学习。他不再参加任何社交活动，整天泡在图书馆和实验室里苦读和研究。后来，他的刻苦认真引起化学权威菲得普·巴尔教授的注意，并收他为学生。

终于，在名师的指引和自己不懈的努力下，格林尼亚成功发明了"格式试剂"，还发表了200多篇学术论文，被瑞典皇家科学院授予1912年度诺贝尔奖。

是打击唤醒了维克多·格林尼亚的自卑心理，驱使他改变自己，抛弃过去的自我，最终战胜自卑，从迷茫的人生走向成功。格林尼亚没有让自卑纠缠太久，在自卑产生之后，他奋起反抗，最终战胜自卑，赢得了成功。

所以，自卑是深埋一个人内心的情绪，只有正视自己，敢于承认它，才不会受制于它。所以，与其掩饰自卑，不如面对它，只有这样才能将它踩在脚底，将弱点转化为奋斗的力量，扼住命运的咽喉，拼搏一生，争取成功。

从自卑走到自信，从失败走向成功，这是一条由渺小走向伟大的灿烂之路，任何人都可以走，只要你愿意相信自己。所以，及时摆脱自卑，打造积极自信的人生态度吧！如此，我们才会敢于进取，成为一个有主动创造精神的人，拥有与众不同的人生。

2.拥有强者心态，人生才会变得更成功

俞敏洪说道："这个世界，有这么一小撮的人，打开报纸，是他们的消息，打开电视，是他们的消息，街头巷尾，议论的是他们的消息，仿佛世界是为他们准备的，他们能够呼风唤雨，无所不能。无数人努力的目标，就是想成为这一小撮人。"

为什么这些人能够无所不能，成为别人努力的目标，就是因为他们强者的心态，既有强大的内心，又有足够的自信。具体来说，一个有强者心态的人，有远大的目标，有足够的信心，不怕任何阻碍，不怕付出努力，直到实现自己的目标。

比如，具有强者心态的企业家，有信心把企业做到世界五百强，而不是满足于一个小作坊；具有强者心态的运动员，有信心能够成为世界冠军，而不是成为某个团队、某个省市的第一名。可以说，一个人的强者心态有多大，他的成功就有多大。

约翰·富勒出生在美国的贫民窟，他有7个兄弟姐妹。5岁的时候，约翰·富勒就开始干家务，9岁时会赶骡子。他有一位与众不同的母亲，常常告诉他："我们不该一生贫穷，贫穷不是上帝的旨意。我们的生活这样不堪，是因为你爸爸从来没有致富的愿望，这个家族中的每个人都胸无大志。"

这句话深深影响了约翰·富勒，他一心想跻身富人之列，坚信凭借自己的努力肯定能实现财富梦想。12年后，富勒接手一家被拍

卖的公司，还陆续收购了7家公司。他谈及成功的秘诀时，还是用多年前母亲的话回答："我们不该一生贫穷，贫穷不是上帝的旨意。我们的生活这样不堪，是因为你爸爸从来没有致富的愿望，这个家族中的每个人都胸无大志。"

这句话虽然很简单，但却告诉我们：一个人若要成就什么，想彻底改变，就应该有改变的心态和思想。有足够大的理想，有足够强的信念，成功才不在话下。

强者心态作为一种心理状态，是每个正在奋斗的人必须拥有的。即便你家徒四壁，也没有关系，即便你只是一个普通人也没有关系，只要你梦想着成为富翁，并且有强大的内心，就可以成为百万富翁。

可以说，强者心态是一种"金麟岂是池中物"的野心。杰克·韦尔奇曾说："幸亏我当年没被一所名牌大学录取。在一所普通大学里，我是佼佼者，它培养了我的自信心和强者心理。如果真的进了名牌大学，我只是个垫底的，也许就会形成弱者心理，不会有后来的成功！"

纵观目前社会，很多人没有足够的信心和信念，他们想成就事业，但一遇到困难，内心就充满焦虑、犹豫，并感到许多无形的压力。试想，这样的一个人，又怎能赢得成功？

1842年3月，著名作家拉尔夫·沃尔多·爱默生在一次演讲中说："谁说我们美国没有自己的诗篇呢？我们的诗人文豪就在这儿呢……"

这句话深深激励了一个年轻人，他激动地说："爱默生说得对，我就是诗人文豪的其中之一，一定会实现自己的梦想！"之后，他感到热血在胸中沸腾，浑身升腾起一股力量和无比坚定的信念！

带着这种坚定的信念，他开始创作诗歌。1854年，他的《草叶集》问世了。这本诗集热情奔放，冲破传统格律的束缚，用新的形式表达了民主思想和对种族、民族和社会压迫的强烈抗议，对美国和欧洲诗歌的发展产生了巨大的影响。就连爱默生也给出“美国的诗”“奇妙的”“有着无法形容的魔力”等积极评价。

没错，这位年轻人就是华特·惠特曼。但令人没有想到的是，《草叶集》的销售情况并不好，出版社自然大为光火，怀疑起惠特曼的能力。

面对人生的这次打击，惠特曼没有怀疑自己，依旧坚定地说：“我是伟大的诗人，这是绝对不能被否认的！”

1855年年底，《草叶集》开始印刷第二版。在这版中，惠特曼加进20首新诗。1860年，《草叶集》开始印刷，惠特曼决定补进一些新作。

就在这时，爱默生找到他，希望他能够删减几首诗歌，否则第三版将不会畅销。但是，惠特曼坚持说：“在我灵魂深处，我的意念是不服从任何的束缚，而是走自己的路。《草叶集》是不会被删改的，我坚信它会绽放最美丽的花朵！”

终于，未删减版的《草叶集》出版了，并获得巨大成功。因为惠特曼的坚信不疑，他终于实现了梦想！

就是因为惠特曼有强大的内心，坚持自己的梦想，相信自己的能力，他才获得了巨大成功。因此，我们若想实现梦想，就必须如惠特曼一样，坚信自己的能力和梦想，而不是自己先没了底气，丢了信心和信念。

这是个弱肉强食的社会，大鱼吃小鱼，小鱼吃虾米，强壮的猴子能成为猴王，矮小的猴子只能当它的臣民。人的一生是成为大鱼还是小鱼，是成为猴王还是普通的猴子，关键在于你的内心，在于你是否有强者心态。

如果没有强者心态，我们就缺乏向上的勇气和强大的自信，自然很难取得成功。拥有强者心态，就等于拥有了自信。自信是成功的第一秘诀，坚决的信心能使平凡的人们，做出惊人的事业。

3.永远不要试都没试，就对自己说不行

每个人都渴望成功，取得出色的成绩，可并不是所有人都能成功和心想事成。他们之所以失败，不能得偿所愿，并非能力不行，或是缺少机会，而是他们不相信自己，甚至看不起自己。

有些人认为工作强度太大，自己做不到；有些人认为女神高高在上，自己配不上；有些人认为方案太难，自己做不好。就这样，这些人陷入“不行”的圈套不能自拔，结果变得更自卑、更怯懦。久而久之，他们就变得真的“不行”，越来越不起眼，形成无止境的恶性循环。

孙艺兴是一个聪明的年轻人，但不敢做任何事情，也没有丝毫作为。这是因为他始终不自信，不相信自己的能力和才华。当别人问他：“你为什么这么不自信”的时候，他总是抱怨地说：“这能怪我吗？从小到大，父母、老师、朋友都说我不行，我是被他们打击得信心全无的！”

于是，孙艺兴开始讲述自己的经历：小学时，我想帮妈妈洗碗，结果不小心把盘子摔破了。妈妈在一旁不停叨唠：“我看你真是不行，什么都做不好，你看看别人家的孩子，何止会洗碗，连饭都会做了。”后来，我只能默默回到房间，从那以后，对洗碗再也不感兴趣了。

高中的时候，我想报考好一点的大学，结果有一次老师拿着我

的试卷，摇摇头说：“你想报考一本，我看是不行了，你这成绩能考个三本就不错了。”当我听到这些话时，就像泄了气的皮球，变得毫无信心，也认为自己不行。

大学毕业后，我想应聘一家著名企业，做出一番事业。结果，一位朋友惊讶地说：“你不要痴心妄想了，像我们这种普通家庭长大的孩子是不行的，根本没有那么好的机会。”于是，我就这样放弃了，选择一家普通的企业，过上普通的生活。

最后，孙艺兴抱怨地说：“要不是他们，我能落得这样的地步吗？”

可是，我们不妨仔细思考一番，真的是别人的打击让孙艺兴失去自信，变得自卑、逃避、懦弱吗？或许有这部分的原因，毕竟别人的肯定和赞赏可以激励人，批评和否定则可以毁掉人。究其根源，这完全是“我不行”给自己设置了障碍。“不行”如同一个魔咒，伴随他成长，深入内心和骨髓，久而久之，他也真的认为自己不行，从而彻底失去了尝试的勇气。

简单来说，不自信就是夺去我们成功机会的杀手，它不仅减削我们成功的能力，甚至让我们一步步走向毁灭之崖。

可是，你没有试过，又怎么知道自己不行？

那些连试都没试就说自己不行的人，就是彻底的懦弱者、逃避者、失败者，更是十足的低情商者。对他们来说，承认自己“不行”，要比努力尝试容易得多。于是，每当机会来临时，他们就这样暗示自己：“我不行，还是算了。”对他们来说，承认自己“不行”，要比品尝失败简单得多。于是，行动之前，他们便对自己说：“失败会令我更丢人，还是放弃算了。”

于是，机会在自我否定中被一次次错失，努力和追求也在自我放弃中被一次次放下，使自己成为真正的平庸者、无能者。

贾瑞的经历和孙艺兴非常相似，他从小也非常不自信，总觉得自己不行，不敢尝试很多事情。即便尝试了，他也会否定自己，认为自己肯定无法做好。他总是把这句话挂在嘴边："我这辈子也就这样了"。

大学时，他的老师鼓励他参加一个写作大赛。他很高兴，同时也很焦虑，总怕自己不行。他夜不能寐，写了改，改了写，最终也没能写出一篇令自己满意的作品。

老师知道后，安慰他说："没关系，我觉得你之前写的几篇都挺好的，你从中挑出一篇投稿就好了！"

贾瑞摇摇头说："毕竟我不是科班出身，写的东西真不行，我看还是算了吧。"最终，他连试都没试，就放弃了比赛。可是，他的文笔不错，写出的东西也很好，要不然老师怎会推荐他呢？

可是，他却沉浸在"我不行"的旋涡中不能自拔，以至于失去了那么好的机会。

大学毕业后，他接到一家不错公司的面试通知。在现场，他看到那么多出色的竞争对手，胆怯、自卑了，心里想："别人那么出色，我这么普通，肯定不行！"于是，在这种思想的影响下，他的表现非常糟糕。可想而知，面试以失败而告终。

对于面试失败，他这样解释："我既不是名校毕业，也没有家庭背景，功成名就是不敢奢望的，只想有一份安安稳稳的工作。我妈妈也说了，我们就是普普通通的家庭，不可能出金凤凰。"于是，他只能找一份普通的工作，做着普通的小职员。

后来，一位亲戚给他介绍一份更好的工作，不管从哪方面来说，都比他现在的工作要好很多。当亲戚跟他说的时候，他一直在心里打退堂鼓，总觉得自己无才无德，既怕自己做不好，又怕给亲戚丢脸，于是连试都没试，就委婉地谢绝了亲戚的好意。

事后，朋友问他为什么放弃这么好的平台时，他哀怨地说："我的能力一般，怎能胜任那么好的工作？我连基本工作都会出错，也许命中注定要平庸下去吧。"

为什么贾瑞在本该朝气蓬勃的年纪处处否定自己，从未试过就说自己不行，是因为他早已在成长过程中给自己灌输了"我不行""我办不到""我没办法"的思想，所以不敢尝试。

可是，没尝试过，我们为什么要急着否定自己，轻易放弃自己呢？这难道不是愚蠢的行为吗？这个世界上，没有哪个人生来就是全能，没有接触就已精通，更不会永远失败。所有成功者都是在不断尝试中积累经验和教训，然后战胜失败，克服弱点，一步步取得胜利的。

想要成功，就应该相信自己，鼓起勇气去尝试，哪怕以失败而告终，也不会后悔自己没有尝试。只有大胆尝试，才能发现自己的优势，争取到成功的可能。哪怕可能会失败，这又有什么关系，再试一次，也许就会成功，人生会因此而改变。

因此，永远不要连尝试都没尝试就说自己不行，否认自己；更不要因为害怕失败就轻易放弃机会，选择逃避尝试。

勇敢而坚定地对自己说："你行的，大胆地尝试一次！"如此，我们才能赢得成功的机会，战胜自己！

4.赶走自卑，才能获得成功的本钱

人有一万个理由自卑，就有一万个理由自信！虽然每个人身上都有缺点和不足，但同样，每个人身上都有优点和长处。你究竟是想变成白天鹅还是永远做一只丑小鸭，只看你的选择。

如果你能用善于发现的眼睛看自己，发现自己身上的过人之处，相信自己有本事把所有事情做好，那么，肯定能做出成绩，把生活过得淋漓尽致。若是你只关注自己的缺陷和不足，无法正确评价自己，就会陷入自卑，永远翻不了身。

所以，我们应该赶走自卑心态，学会客观认识自己，提高自我评价。

托马斯是一个15岁的少年，比起同年龄的少年高很多，又非常瘦弱，简直就像细长的竹竿。再加上他身体虚弱，各项体能运动上都不如别人，时常受到同学的取笑。因此，托马斯非常自卑，经常被忧虑和恐惧困扰。

在自卑心理的影响下，托马斯几乎不愿意见人，不敢与陌生人交往，变得越来越懦弱、害羞。更重要的是，他时刻在为自己的缺陷自怜，什么事情也不想，什么事情也不愿做，更不愿意去学校上学。他甚至认为自己一辈子只能是个可怜人，永远翻不了身。

后来，母亲察觉了托马斯的自卑和恐惧，便想办法开导他，说：“儿子，你得去接受教育，虽然你的体能不尽如人意，可是你能靠智力谋生啊！”在母亲的鼓励下，托马斯开始改变自己，尝试着融入集体生活。

没想到，正是学校生活让托马斯克服了自卑感，变得越来越自信、勇敢。托马斯刚入学八周就通过一项考试，得到一份三级证书。这份证书可以让他到乡下的公立学校授课，而且，一个乡下学校竟然真的以月薪40美元的工资聘请他教书。虽然这个证书只有半年的有效期，却给予托马斯很大的信心，让他知道自己并非一无是处。

接下来，又发生了一件事，让他感到信心百倍。在母亲的敦促下，托马斯参加了一年一度的演讲比赛——这对他来说，实在是一个很大的挑战。因为当时他非常胆小自卑，连单独跟一个人说话的勇气都没有。

但在母亲的鼓励下，他还是报了名，并做了精心准备，结果得了第二名，还赢得了一年的师范学院奖学金。可以说，这件事改变了托马斯的一生，让他发生彻底改变。

由此可见，自卑其实不过是自己在给自己找麻烦，就是对自己的否定。任何人都不是完美的，身上都有他令人骄傲的地方，任何人都没有理由自卑、看不起自己。

只要我们能够走出自卑，客观地评价自己，就能够找到自己的长处，发挥自己的价值。只要我们能够告诉自己“我可以”“我能行”，然后面对问题，改变自己，而不是一遇到问题就逃避，完全可以让自己做得更好，并且赢得别人的认可。

现实生活中，很多人不是改变自己，战胜自卑，而是想办法掩饰自卑。他们认为，只要掩饰自卑，刻意表现出“自信感”“强势感”，就可以不让自己显得懦弱。事实上，光靠掩饰，藏不住自卑感。更多时候，一个人越是想掩饰自卑，越容易暴露自己的内心。

不妨看看这个故事：

佛陀在世的时候，一位比丘经常炫耀自己的贵族身份。佛陀知道后，便给众人讲了一个故事：

一名织布工人，长得非常英俊，可生活普通。还有一个人，是一位大英雄，但身材矮小，相貌丑陋。

英雄想进皇宫面见国王，但害怕国王嫌弃自己长得丑，看不起自己。于是，他找到这位织布工人，说：“我扮作你的随从，和你一起进宫吧！你就说你是英雄，本领高强，国王会重用你的。“

织布工人问：“如果国王让我去打仗呢？我可不会。”

英雄说：“没关系，到时候我会帮你的。”

果然，国王在看到高大英俊的织布工人之后，就让他做了高官。从那以后，国王一遇到棘手的事情就找他处理，而他则都交给随从去做。就这样，织布工人获得的荣耀越来越多，官越做越大。

有一次，敌人大兵来犯，国王命令织布工人率领大军出征。可敌方的军队冲杀过来时，他竟然吓得屁滚尿流，幸亏随从挺身而出，敌人才被打败，他才保住性命。这下国王才知道，织布工人本无才能，真正有才能的是这个随从。于是，国王把织布工人贬为平民，重用了那位英雄。

佛陀讲完这个故事之后，对大众说道：“你们知道吗？过去那位织布工人就是现在这位比丘。他出身贵族，内心有自卑感，却又生起傲慢心；常常炫耀自己的身份，其实只是为了掩盖自卑和无能罢了。”

这个故事告诉我们，自卑不是能刻意隐瞒的，即便身居高位，拥有很多财富，也无法隐藏内心的自卑。只有真正改变自己，摆脱自卑，才能拥有真正的本事，获得自己想要的成功。所以，从内心真正摆脱自卑吧！自卑只有被战胜和超越，才能成为成功的资本。

5.激发潜能，展现自己的超能力

很多人时常抱怨这个世界不公平，为什么自己不辞劳苦地努力工作，挣的钱却只够养家糊口？同样是工作，为什么有的人每天上班打打电话、发发邮件、刷刷微博，就能轻而易举赚到大笔财富呢？

真的是上天对他们不公平吗？到底是什么原因导致这一现象呢？是学识不够，能力不强，还是技不如人？抑或是他人运气非常好，处处有贵人相助？

不可否认，或多或少会有这方面的原因，但这并不是主要的。每个人的成功都绝非偶然，失败也绝非必然。如果我们把成败归于他人、环境和命运，只会一无所成。如果我们每天羡慕别人的成功，抱怨自己的失败，只会将自己置于无休止的痛苦与烦恼中。

那么，究竟是什么原因导致人生境遇的不同呢？很简单，关键在于你是否修炼了强大的内心，让自己拥有足够的自信。只有足够自信，我们才能发现自身价值，激发出隐藏在身体中的潜能，从而创造出无数种可能。

每个人的身上都隐藏着潜能，一旦被激发出来，爆发出的力量将不容小觑。它会将优柔寡断的人变得胸有成竹，将默默无闻的人变得一鸣惊人，让一个人做出彻头彻尾的改变。

但隐藏的潜能如何发挥，发挥出多少力度，完全取决于我们是否相信自己。若我们觉得自己是一个情商出众、智商超群的人，就会想尽办法激发内心的潜能，让自己的优势发挥到最佳状态；若觉得自己能力普通、不聪明，就会自甘堕落，随意放纵，任自己平庸沉沦。

所以，一个人的潜能是否能被激发出来，得到有效发挥，取决于内心的想法。哪怕是一只小小的动物，它的想法也会随着环境而变化。

一只小鹰从小被父母遗弃，善良的人类救了它之后，就把它放在鸡群中。小鹰每天跟着小鸡一起生活，久而久之，便丧失了自己的本领。

看着小鹰一天天长大，当初搭救它的主人心血来潮，决定试试小鹰的野外生存能力。但不管主人采取何种方法，小鹰就是飞不起来，它只能像小鸡那样飞到两三米的高度。因为长期生活在鸡群中的小鹰，一直觉得自己就是一只鸡。

试验了很久，小鹰始终没有飞起来，疲惫不堪的主人累了，他觉得自己浪费了这么多粮食，却养了一只不会飞翔的小鹰。想到这，主人更加生气，他决定将这只小鹰扔了。就在主人抓着小鹰往悬崖边扔下去的一瞬间，急速下坠的小鹰却扑扇着翅膀慢慢地飞起来，并且越飞越高……

为什么训练多次的小鹰飞不起来，却在坠入崖底的关键时刻展翅高飞了呢？其实，就在于求生的欲望使得小鹰将隐藏在体内的潜能激发了出来，所以它才能逢凶化吉，赢得生机。

小小的动物都知道在危机时刻寻找求生的机会，我们也会为处于迷茫与绝境中的自己，创造绝地求生的机会，赢得更多成功的机会吗？

人生最大的悲哀莫过于拥有一身傲人的优势与潜能而不自知，以致浪费了大好时光，错失了很多良机。若我们不想英雄无用武之地，不想自己的优势被埋没，不想默默无闻做个毫不起眼的人，就要激发隐藏在身体内的潜能，让自己的优势得到最大程度的发挥。这样我们的辛苦付出才会卓有成效，人生才不会变得平庸。

否则，潜能若得不到激发，我们做再多的努力也会收效甚微。如果我们不积极主动地寻求解决方法，这种过于消极的态度就会让我们在人生道路上原地踏步，得不到任何进步。

想要激发潜能，我们就要提升自己的情商，真正认识自己，看到自己身上的优势和长处，然后不断挑战、提升自己。这样一来，隐藏在我们体内的潜能才容易被激发出来，从而获得更大的成功。

当然，情商高的人不仅能够激发自己的潜能，还能适当地激发他人的潜能，使得他人发挥出最大价值。看了下面这个故事，你便会懂得这个道理。

某地有一家炼钢厂，由于老板不经常在厂里，再加上管理层领导松散，久而久之，厂里工人的态度就变得很消极，以致每天的生产任务都不达标。车间主任尝试了各种各样的方法，但每天的生产任务依旧还是老样子，没有取得任何实质性进展。

这天，老板破天荒地来厂里巡视工作。当老板来到车间时，恰逢白班工人下班，于是他问白班工人："今天你们班炼了几炉？"

白班工人答："6炉。"

听到这个数字，老板什么话也没有说，只是拿起笔在车间门口的黑板上写了一个又大又粗的数字"6"，就离开了。

老板走后，夜班工人过来接班，看到一直以来空空如也的黑板上突然写了一个“6”，于是感到好奇，便问白班同事怎么回事。

白班工人说：“今天大老板来巡视工作了，他问今天炼了几炉，我说6炉，他便在黑板上写了数字‘6’。”

老板又来了，同样是两班人员即将交接班的点。这次，他看到昨天写在黑板上的数字“6”已经由晚班工人改成了“7”，而白班工人下班时又将夜班写的“7”变成“8”。接连几天，这位老板每天都会到车间巡视一番，他发现黑板上的数字每天都有新的变化。

每个班的工人在交接班时看到上一班同事留下的新数字，为了不落后于他们，开始卯足劲儿撸起袖子热火朝天地干起来。这一数字的变化，让工人自己都大吃一惊，他们从未想过自己能够得到如此突飞猛进的进步。

这位老板是聪明的，富有智慧。他知道，每个人都有攀比心理，不甘屈于人后，他聪明地利用这一心理特点，激发工人的斗志和潜能。结果，这家工厂在接下来的生产任务中不仅月月达标，还远远超于其他分公司，成为总公司高度赞扬的对象。

不得不说，激发潜能，我们便可展现自己的超能力，将看似不可能的事变成可能。所以，不管任何时候，我们不能低看自己，也不能让自己过于被动。只有相信自己，主动向外界展示自己的才能与优势，激发身上的潜能，才能创造出属于自己的一片蓝天。

6.人之所以能，是因为相信能

詹姆士·艾伦在《人的思想》一书中写道："一个人所能得到的，正是他们自己思想的直接结果……有了奋发向上的思想之后，一个人才能奋起、征服，并能有所成就。如果他不能奋起他的思想，他就永远只能衰弱而愁苦。"

很多时候，人之所以能，是因为他们相信自己能。换句话说，一个人的成就、财富，都是由个人意念造就的。你怀有积极的意念，相信自己能够成就事业，获得财富，就能达成所愿。若是你没有坚定的信念，觉得自己一无是处，就真的一无是处。

情商不同，个人意念不同，自我暗示也有所不同。情商高的人，通常会给予自己积极的心理暗示，面对困难时，他总是对自己说"我可以""我能行"。

相反，情商低的人，则会给自己消极的心理暗示，面对生活时，就容易感到无聊和空虚，对自己说"我不行""我难以做到"，自然也不可能采取任何积极的行动改变人生，只能在人生的旅途上徘徊，永远到不了任何地方。

因此，我们应该抱有积极的心态，给予自己积极的心理暗示。当我们相信自己能行，并且为人生树立一个坚定的信念，就不会让形形色色的迷雾蒙上双眼，俘虏我们的心，反而会给自己带来无穷的力量、迎难而上的决心和持久的行动力，完成看起来不可能办成的事。

1964—1975年间，他率领加利福尼亚大学洛杉矶分校校队十次获全美大学冠军，七次蝉联大学联赛冠军，八次以不败纪录获联合会赛冠军，曾连续八十八场保持不败……这就是美国篮球史上最杰出的大学教练员约翰·伍登。

约翰·伍登是一个乐观自信的人，他的成功哲学就是：不断地对自己进行正面而积极的自我暗示。每晚睡觉前，伍登一定会告诉自己："我今天表现得非常好，明天还要努力，表现得比今天更好。"

这不单单体现在打篮球上，在生活中也是如此。无论遇到怎样的事情，伍登都是一副乐观自信的样子。有人问及原因，伍登笑着回答说："无论我们所生活的世界如何，只要我们能不断地运用积极的'自我暗示'，就能够发现这个世界有着无限的可能，也因此而激发出内在的潜能。"

由此可见，心理上对自己进行积极的自我暗示，对培养自信心、改变个人现状非常重要。这是因为，当你坚信某一件事情，相信自己一定能的时候，无疑在潜意识里给自己下了一道不容置疑的命令，便会在心底播下相信自己的种子，唤醒沉睡的潜能，拥有无限的能力。

所以，我们需要提升情商，修炼积极的心理状态，进行积极的自我暗示。当我们用积极的思想充分暗示自己，信心就会不断增强，由不信任到信任。当这种自信的力量不断膨胀，我们就更加有勇气、有魄力，从而不懈地追求自己的目标，激发出自己的潜能，得偿所愿。

有一个小女孩儿，她的左额头上有一块小小的伤疤，这让她觉得自己很丑，对自己的形象非常没有信心，不愿意和别人做朋友、打招呼，甚至不愿抬头走路，情绪每天都很低落。

这天，妈妈送了女孩儿一只漂亮的发卡，说把这个发卡别在头发上就能挡住那块伤疤。女孩对着镜子一看，发卡确实遮住了伤疤，她立刻觉得自己漂亮了，于是高高兴兴地别着发卡上学。就在门口，她刚和妈妈说完再见，与对面迎来的人撞上，她面带微笑地说了声“对不起”，就走了。

一整天，女孩儿一想到发卡已经挡住那块伤疤，她就感到特别开心，觉得好像同学、老师都在注视自己。她主动地和同学们打招呼，上课听讲也更加认真，每个人对她都比平时更亲切，就连几个平时不怎么说话的同学都对她很热情。

“妈妈，你送给我的这个发卡实在太神奇了！今天，我感觉特别棒，从来没有感觉这么好过。”回到家里，女孩儿兴奋地和妈妈说。接着，她就迫不及待地把当天在学校发生的一切和妈妈讲了。

妈妈愣了一下，“你能有这样的改变真是好事，不过……”“不过，女儿你今天并没有戴这个发卡。你看，早上你出门后，我在门口捡到了它！”

看完这个故事，有些人不禁要问，这个女孩儿为何发生由不自信到自信的变化呢？答案就是受到积极的自我暗示。她心里一直在暗示自己，那个漂亮的发卡已经挡住自己的伤疤，现在的自己很漂亮。

可见，我们要想获得成功，除了要弄清自己成为成功者的才能外，最根本、最重要的就是提升情商管理能力，保持积极向上的心态。给自己一个积极且坚强的意念，就相当于给自己一股巨大的动力，它将指引我们前进的方向，支撑我们努力奋发。

反之，若是你无法摆脱消极心态和自卑意识，不论你有多么聪明的头脑，多么优秀的能力，终将因心理上的消极自我暗示而一次次与成功背道而驰。自我暗示就是这样一种神奇而强大的力量，不同的心理暗示会带给我们截然不同的思考方式和行为。

所以，从现在开始，修炼自己的情商吧！试着每天花上几分钟的时间全身放松，对自己进行积极的心理暗示，给自己输入积极的语言，比如“我的心情很愉快”“我能行”“我是最棒的”“我一定能够成功”……

相信这些积极的暗示终将成为蕴藏在你心中的火焰，成为支持你不断向前的驱动力，成为你走向成功的起点！

7.从小世界走向大世界，创造无限可能

画家绘画通常有一定的风格，包括色彩浓度、线条轻重、描述对象、表达意图等，可这些风格有些是创新的、优秀的，还有些可能是脱离时代的、庸俗的。画家只有打破自己的风格，去粗取精，才能画出真正出色的作品，提升艺术造诣。

不仅仅作画是如此，做任何事情都是如此。不管我们是初出茅庐，还是已有所成就，都不能墨守成规，固守自己的思维和行为，而要勇敢体验和尝试各种新事物，不断更新自己，储存新鲜力量，成就生命中的无限可能。

若是我们只想原地不动，不管外界如何变化都不想改变自己，只能把自己的世界封闭起来，永远走不出小圈子，更无法做成什么事情。

毫不夸张地说，打破自己的圈子是成功的开始。试想，那些成功的人，如果舍弃不下熟悉的环境和所谓的“安稳”，又怎会有在商海中搏击、游弋的勇气，更别提为自己开辟一番新天地了。恐怕农民只能永远是农民，走不出安乐窝，只想着日出而作、日落而息；员工只能永远是员工，做着自己的本职工作，每天朝九晚五。

很多事业有成者，原本只是普通人，但他们不甘于过那样的生活，迫切想要改变自己的生活状态，走出自己的小圈子。于是，他们舍弃熟悉的环境，勇敢地走向大世界，才得以生存和发展，并且

闯出一片广阔的天地。

初中毕业后，刘洋洋和山村里的其他女孩子一样在家务农，既定的命运便是割草、喂猪、结婚、生娃、养娃……她不甘心就这样过一辈子，一心想做点什么，父母和女伴们却说她心比天高。

一段时间后，态度坚决的刘洋洋不顾父母的反对，毅然地走出大山。刚到大城市后，刘洋洋就开始苦苦寻找出路，并在一家美容店打起零工。在此期间，她在一家美容学院进行了一个月的免费培训。刚开始的时候，生存是艰难的，刘洋洋每天要工作12个多小时，拿到的工资却少得可怜，几乎无法支撑生活。父母和女伴们得知后，都劝刘洋洋回山村里结婚，可她还是坚持留在大城市。

经过三年风雨，工作经验已经很丰富的刘洋洋借遍亲朋好友，东拼西凑，租了120平方米的店面开了自己的美容店。一个月后，深感知识缺乏的她，又自掏学费到济南、烟台、青岛等大城市考察学习。

如今，凭借专业的美容技术和良好的服务，刘洋洋店里的生意做得风风火火，有稳定顾客50余名，每月都有新顾客加入，月销售额1万余元。她已然出落成意气风发、信心十足的小老板，而那些女伴们依然在山里过着白开水般的生活。

勇于走出自己的圈子，对一个想成功的人来说，实在太重要了。与其说摆脱小圈子是改变环境，不如说是突破自我，打破思维和行为的界限，追求更美好的自我。

它充分体现一个人的自信、自强，更体现了他敢于突破自己、改变自己的勇气和魄力。若是没有这样的自信和勇气，恐怕任何人都只能窝在自己的小世界，一边抱怨一边逃避，更别提什么有所作为了。

当然，我们所谓的“圈子”涵盖的内容非常广泛，有工作生活环境、工作类型、结交的朋友等，更重要的是打破思维的圈子，让自己的思维更活跃，脱离固有思想的禁锢。

看到这里，相信有些人会想起一个古老的传说，那就是鲤鱼跃龙门的故事。这个故事恰好说明了这个道理：人们只有勇敢地寻求改变，跳出自己的圈子，摆脱思想的束缚，才能拥有更加广阔的发展空间，改变自己的命运。

不妨看看这个故事吧！

某个山脚下的小河里生活着好多鱼儿，它们自由自在地游来游去，无忧无虑地生活着。但附近的居民建筑了一个龙门，鱼儿们就被困在水塘里，失去自由，还经常被人们捉走。

这些鱼儿无比郁闷，它们有的整日唉声叹气，有的则不停地抱怨人类。其中，一条小鲤鱼指着那道龙门，对同伴们说：“我们跳过这个龙门，一起在河流里生活吧，这样我们就自由了，也不会被人类吃掉了！”

谁知，小鲤鱼的同伴看了看那道高高的龙门，纷纷摇头说：“跳什么跳，虽然这里的状况很不好，但现在不是还没死吗？你着什么急？再说，那么高的龙门你能跳得过去吗？弄不好会摔死的！还有，河里会有大鱼袭击我们……”

小鲤鱼不再说话，它每天都不停地蹦着、跳着，一心想要逃离这个地方。终于有一天，它使出全身力量，像离弦的箭，纵身一跃，跳过那个龙门，跳进下游的河水，里面有很多可口的食物，而且可以自由游弋。

小鲤鱼呼唤自己的伙伴："你们快过来吧，这边简直是天堂！"

同伴们说："我们在这里已经习惯了，懒得动了，只希望这里的情况可以快点好起来！"但情况并没有什么改变，它们依然整天愁眉苦脸，不停地抱怨人类。没过多久，这些鱼儿被人类捞出来吃掉了。

小鲤鱼就代表着敢于打破固有"圈子"的人，那些同伴则代表死守"圈子"的人。他们的思想不同，结果自然大不相同。

或许你会说，我现在的环境很好，生活也很舒适，为什么非要走出去呢？我为什么要做改变呢？万一改变之后情况更糟糕，我又该怎么办呢？

事实上，只要你有这样的想法，就已经被自己的思想禁锢了。这种情况下，你变得越来越见识短浅，不想改变。结果，思想和行动都缺少活力和创造力，生活更是缺少改变的可能。

你连改变自我、突破自己的信心和勇气都没有，又怎能谋取更大的发展空间，实现更大的理想抱负呢？

面对偌大的世界，面对无限的未来，自信而勇敢地走出自我的小世界，突破自己，提高自我吧！这样一来，生命才有无限可能。

第三章 DISANZHANG 自律力：能自律的人，往往活得都很高级

谁也不能随随便便成功，它来自彻底的自律力。所谓情商，就是要自己管理自己，自己要求自己，是一个人对内心秩序和生活井然有序的遵从。这也意味着，高情商的人，往往能够有意识地自我把持，有原则地对待事物，有目的地去做事情，最终，他们也活得更好。

1.你要学会自律，才不会平庸至死

一个人的成功与自律密不可分，这一点毋庸置疑。正如一句名言所说："一个人成功的最大障碍不是来自外界，而是自身。"一个善于自律的人，不会随心所欲地做事，放纵自己的懒惰、拖延、犹豫，相反，总是能提醒自己努力和坚持，督促自己乐观和向上。

因此，我们需要学会自律，管理好、控制好自己，如此一来，才能摆脱平庸，一步步突破自己，走向成功。如果你不相信，不妨看看这个故事：

杰瑞·莱斯是一位著名的橄榄球运动员，高中时就加入了学校的橄榄球队。为了训练球员的体能，每次练习之前，教练都要求球员以蛙跳的方式，弹跳前进一座40码高的山丘，来回20趟后才能休息。

有一次，天气异常炎热，莱斯完成第11趟之后就已经精疲力尽，实在跳不动了。当时教练并不在场，其他队员也完成了任务。他心想：反正教练不在，不知道我跳了多次趟，为什么不偷偷溜回去休息呢？

但是，这种想法很快被他否定了。他对自己说："虽然没人看见，但你不可以这样做。因为一旦养成半途而废的习性，你就会把它视为正常。如此，你怎能成为出色的运动员，取得更好的成绩？”想到此，他立即开始训练，坚持完成所有的弹跳。而且，从此之后，他严格要求自己，再也没有产生偷懒的念头。

成为职业球员后，莱斯更加严格要求自己，他在球场上陆续创造佳绩，并创造了连续19年比赛从不缺席的纪录。即便之后成为最著名的运动员，他也严格自律，从不放任自己。每当比赛结束后，其他队员都会去钓鱼或享受假期，莱斯却仍旧保持勤练的作息规律，每天从早晨七点钟开始做体能训练，直到中午。

就是因为有超强的自律能力，他才成为美国最出色的橄榄球运动员，成为公认的史上最伟大的一百位球员之一，而且排在第一名。至今，他还保持100多项美国职业橄榄球大联盟（NFL）的纪录，208次的达阵次数无人能及。

美国职业足球联盟明星凯文·史密斯评价他说：“许多人所不能了解的地方是，莱斯总把橄榄球看成一年365天的挑战，他每一天都在为攀越更高境界而准备自己。在职业橄榄球，没有人像他这样有规律，所以也没有人像他一样成功。”

美国著名政治家本杰明·富兰克林说：“我们判断一个人，更多的是根据他的品格，而不是根据他的知识；更多的是根据他的心地，而不是根据他的智力；更多的是根据他的自制力和纪律性，而不是根据他的天赋。”

杰瑞·莱斯的成功源于他的天赋以及努力。但是，仅凭天赋和努力，还不能使他如此传奇。他之所以成为传奇，一个重要的原因就是他无人可及的自律能力。

所以，学会自律，提升自律能力，人们才不会平庸至死，才可以成就属于自己的辉煌。自律的人是智慧的、高情商的，他们善于管理自己，管好自己的目标、言行、时间、习惯、情绪、心态……

那么，我们应该如何增强自律，提升自律能力呢？首先，应让生活规律起来，做到起居有常，这是非常重要的。试想，你若连日常生活都管理不好，无法做到科学、合理而有规律，谈何管理自己呢？

很多人恰恰做不到这一点。他们生活毫无规律，经常熬夜通宵，晚睡晚起；无法合理安排时间，约束自己的坏习惯，结果不仅生活过着一塌糊涂，健康还亮起红灯。

琪琪是一个爱玩爱闹的年轻女孩儿。一下班，她就格外兴奋，想着约几个朋友开心地玩耍。年轻人爱玩儿很正常，可是琪琪却过于肆无忌惮，每天都玩儿到晚上十一二点。周末就更别说了，尽情地唱歌、聚餐，每次聚会结束几乎都到午夜，玩儿得开心的时候，她们还会通宵达旦。

周六，她通常会玩儿通宵，周日躺在床上睡觉，睡整整一天，她以为这样就可以补充睡眠。

当然，晚上疯玩儿的结果就是白天精神不集中，无法认真完成工作。有几次，她都因为太困、没精神而犯错误，还被老板批评。同事们都劝她，让她改变熬夜贪玩儿的坏习惯，可是她嘴上答应了，事后依旧我行我素。

不仅如此，琪琪的身体越来越差，她发现自己眼睛周围出现黑圈，皮肤越来越粗糙，还总是疲劳乏力，常常失眠头痛。这样一来，她就更无法专心工作了，又一次犯错后，老板生气地辞掉了她。

可见，对任何人来说，自律都非常重要。如果你缺乏自制力，放任自己，不能让自己的生活规律起来，很可能因小失大，甚至铸成大错。只有学会自律，更好地约束和管理自己，才能让自己越来越出色，从平庸走向成功、优秀。

2.自律是最有力的鞭策

对许多人来说，自律是一个令人讨厌的词语，因为它意味着失去自由。可事实正好相反，自律正是为了更多的自由。

正如《高效能人士的七个习惯》的作者史蒂芬·柯维说的那样："不自律的人就是情绪、欲望和感情的奴隶。"自律是一个人的自我管理、自我约束以及自我控制。作为一个个体，我们不能随心所欲，不受任何限制，而应该更好地管理和约束自我。如此一来，我们才能克服自身弱点，改掉自身毛病，从而让自己变得越来越好。

可以说，自律是一个人前进道路上最好的鞭策。它能够让我们拥有更好的自我认知，时刻想到严格要求自己，养成良好的行为习惯，然后，促使我们各方面的素质都得到提高，从而更快更早地获得成功。

美国最著名的脱口秀主持人欧普拉·温芙瑞就是一个懂得自律的人。

1954年，欧普拉出生于密西西比的一个小镇。她是一个非婚生私生女，父母分开了，只能把她送给祖母抚养。由于缺少父母的管教，欧普拉的生活混乱不堪，她学会了喝酒、抽烟、打架，甚至吸毒……13岁的时候，欧普拉因为遭到强奸和侮辱而屡次离家出走，差点儿被送进少年管教所；14岁时，她产下一个早夭的孩子……

很多人包括欧普拉都认为自己的人生毫无希望了，岂料她的命运后来发生转机。14岁时，欧普拉被父亲接到家里，开始接受父亲严格的教育和看管。父亲要求欧普拉每个星期看一本书，并写一篇评论，还告诉她："一个人唯有努力奋斗和自律才会走向成功"。

这句话对欧普拉产生极大影响。从此之后，她开始认真对待、严格约束自己，不仅用心看书、写评论，而且自觉地戒烟、戒酒、戒毒等，渐渐地，她的生活走向正轨。

后来，欧普拉考上大学，19岁时开始从事广播事业，1985年移居芝加哥后开始担任一个低收视率的晨间脱口秀主持人。在她幽默诙谐的主持风格下，不到一年时间就广受好评，从此节目也改名为"欧普拉秀"，并在全美国同步播出。她曾被《福布斯》杂志评为"全球最具影响力的文艺名人"，长期跻身全球富豪之列。

自律是一个人成功的法宝。欧普拉善于自我管理，有极高的自律能力，所以才获得如此成就。事实上，那些自律的人都是有智慧、高情商的人，他们能够主宰自己的命运，更能控制自己的情绪和行为。即便身上有缺陷，或是偶尔犯了错误，他们仍能正确认识自己，改变和完善自己。

自律的人严格要求自己，不放松，不懈怠，能控制自己的惰性，克制私欲和贪念，约束自己的行为，勿以善小而不为，勿以恶小而为之，稳住心，沉住气。无论做什么事，自律的人都能有条理可循，做事稳重，掌控自己的生活。

然而，生活中能够自律的人实在太少，更多的人不知道如何约束自己，更不知道如何提升自我管理能力。他们往往容易放纵自己，如无法控制自己的情绪和行为，也难以为自己的情绪和行为负责。他们会想控制自己，会在控制和放纵间进行激烈的思想斗争，但却因为没有意志力而功败垂成。

古今中外，有才智但缺乏自律的低情商者，不胜枚举。美国男子职业篮球联赛（NBA）火箭队前锋埃迪·格里芬就是自律能力非常差的人，因此，他的事业受到严重打击，甚至丢掉宝贵的生命。

格里芬原本是一个非常具有天赋的优秀运动员，如果能够发挥自己的天赋，未来发展不可限量。但格里芬性格孤僻，放荡不羁，在自律方面很是差劲。他无法控制自己的情绪，曾在更衣室里暴打队友；不能约束自己的行为，违反球队纪律，不参加训练，更是家常便饭；还酗酒、吸毒，沾染上很多不良习惯，曾接受过专门的酒精治疗，多次吸毒被警察抓到……

就是因为格里芬肆意妄为，毫无自律与自控力，虽然他有极高的天赋，火箭队仍忍痛把他开除了。离开火箭队之后，网队收留了格里芬，并送他去戒酒中心治疗，但他还是不能自律，经常缺席训练，还上法庭，2个月后又被网队解雇。

之后，明尼苏达森林狼队将格里芬招到帐下，开始的第一个赛季，格里芬还能好好打比赛，然而收敛没多久，他又开始惹事生非，结果又被扫地出门。2007年8月17日，格里芬因醉驾无视铁路警告，强行穿越铁路，结果撞上一辆疾驶的货运列车，死时年仅25岁！

一个天才球员却因不自律而英年早逝，格里芬的经历让人唏嘘不已。但这又怪谁呢？如果他能修炼情商，增强自律能力，结果很可能不一样。作为一个个体，作为自我的主体，除了自己，谁也约束不了你。如果你总是随心所欲，不能约束自己，极有可能铸成大错，后悔莫及。

这里有一个形象的比喻。自律对一个人来说，就好像一辆汽车的制动系统。如果一辆汽车光有发动机，而没有方向盘和刹车，汽车就会失去控制，不能避开路上的各种障碍，就有撞车或翻车的危险。一个缺乏自律能力的人，就等于失去方向盘和刹车的汽车，想想多么可怕。

所以，若是你不想失败，不想人生一塌糊涂，就应该在自律上下一些功夫。不妨问问自己：我是一个自律的人吗？我是否有这样的行为习惯？

比如，我喜欢打游戏，因此耽误了工作，是选择放弃玩，还是继续玩儿？

我已经计划好早起做某件事，但早上睡意正浓，是选择继续蒙头大睡，还是义无反顾起床？

我是否有晚上刷手机的习惯？已经到了11点，是放下手机，还是再玩儿一会儿？

我做事是否有计划？绝大部分事情，是否按原计划进行？

……

若是在这些问题上你的答案多是否定的，就应该提高自律，好好地管理自己了。否则，你将失去很多成功的机会。

3.成熟的人自律而清醒，不会刻意强求

西方哲人蒙田告诫我们："人生最艰难之学，莫过于懂得自自然然过好这一生。"没错，顺其自然很难的，可恰恰是我们最应该学习的一门课程。只有顺其自然，凡事不刻意强求，我们才能淡定自若地笑看潮起潮落，从容不迫地掌控生活。

只有顺其自然，不管处于什么环境，我们才能保持寻常心，乐观、积极地面对生活中的苦恼、忧愁、离别、痛苦，然后，为了更好的生活不断努力、拼搏，从而过好这一生。

苏格拉底被誉为世界上最具智慧的人之一，他的智商极高，情商也不低。可以说，他是双商都极高的人，其智慧体现在对生活的态度上。

年轻时，苏格拉底和几个朋友一起挤在狭小的屋子里，夜晚睡觉的时候，连转个身都非常的困难。其他人难免有抱怨，但苏格拉底每天都非常开心，从来不抱怨。别人问及原因，他则乐观地说："朋友们在一起可以随时交换思想，交流感情，难道不是一件很快乐的事情？"

后来，朋友们先后成了家，搬离那个小屋子，只剩下苏格拉底一个人。但是，苏格拉底每天还是十分快乐。别人见他一个人孤孤单单还这么快乐，便不解地问为什么。他却说："朋友们都走了，我就可以安静地看书了。一本书就是一个老师，这样每天都能向它

们请教，难道不是一件让人快乐的事情吗？”

几年以后，苏格拉底也成了家。当时他住在一个小楼的最底层，应该是属于最差的地方，不仅安全得不到保障，卫生状况也很让人担心。但是，苏格拉底依然觉得开心，坚持认为住在一楼有诸多好处，比如进门就是家、不用爬楼梯、搬东西比较方便等。

一年以后，住在顶楼的邻居腿脚出了一点问题，苏格拉底就和他调换了位置，住到楼房的最高层。同样，他依旧保持愉快的心情，觉得住在高层不仅光线好，没有人打扰，可以安静地看书写文章，还可以锻炼身体。

苏格拉底是聪明的人，更能够看透人生，这完全源于他心态的成熟，自律而清醒。正是因为他清醒地认识到生命并非顺心顺意，生活不可能一帆风顺，所以才能保持平常心，乐观地面对生活，做到“顺其自然”。

顺其自然不是懦夫的自暴自弃，不是无奈的消极逃避，不是对世事的无所追求，更不是听从命运的摆布，而是对自我和人生最大程度的认知，是人生智慧的提炼，是思想境界的觉悟，更是情商和心智的成熟。

现实生活中，每个人都难免遭到不幸和烦恼的突然袭击。这种情况下，保持成熟而强大的内心非常重要。

有些人因为不幸和烦恼，或是痛苦和挫折而方寸大乱，抱怨这抱怨那，甚至一蹶不振，从此过着浑浑噩噩的生活。有的人则恰好相反，他们始终保持平常心，乐观积极地应对所有问题，并积极寻找解决问题的方法。正因如此，他们很快就脱离困境，步入美好的生活。

为什么受到同样的心理刺激，不同的人会产生如此大的反差呢？原因在于情商的差别。前者情商低，心态不成熟，不能做到自律和自控，只能听从命运的安排，自怨自艾。后者情商高，心态成熟，清醒自知，能够用成熟的心态面对突发状况，用乐观的心态淡然地接受这一切，所以生活越来越美好。

只有心智成熟、情商成熟的人，才能自律而清醒，“不以物喜，不以己悲”，淡然地看待世间万事万物。

弘一法师生于乱世，历经劫难，归于佛门，自此忘却名利和纷扰，过上闲云野鹤般的生活。他以戒为师，粗茶淡饭，对任何事都看轻看淡，真正做到平常心，顺其自然。

一天，老友夏丏尊前去拜访弘一法师。当时正是午饭时间，弘一法师便邀请夏丏尊一起用餐，夏丏尊已经吃过便拒绝了。

弘一法师的饭菜极其简单，仅有一碗白米饭和一碟咸萝卜干。看着曾经每天锦衣玉食的“翩翩公子”生活是这样的俭朴，夏丏尊不免心生感慨，轻声问道：“难道你不觉得这样的菜太咸了吗？”

弘一法师淡淡地说：“咸有咸的味道。”

一碗米饭吃罢，弘一法师向碗里冲了一杯白开水，涮了涮黏在碗底的几粒大米然后喝下。夏丏尊知道弘一法师出家前习惯品茶，而且必定是一壶好茶，如今却只喝着白水。他又问道：“水的味道这么淡，喝得下吗？”

弘一法师笑了笑：“淡有淡的味道。”

是啊，咸有咸的味道，淡有淡的味道，浅显的一句话却道出人生的哲理，体现了弘一法师“随遇而安、顺其自然”的人生态度。作为当时最具才华的人，声誉显赫的名门，弘一法师能够看淡一切，甘于平淡自然的生活，实在令人佩服。

顺其自然，饱含人生的智慧，蕴含极高的情商。而刻意强求则不过是自欺欺人罢了，很多时候，你越是强求就越难以得到，徒增烦恼。那些真正成熟而自律的人，定会以淡然的心境接受人生的蜕变，迎接新的春天。比起感叹伤悲，淡然接受人生进程，这才是真正高情商的表现。

所以，面对生活中的种种不如意，我们不应该经常感叹命途多舛，被种种苦恼所困扰，而是应该保持顺其自然的态度，不刻意强求，不抱怨，不逃避。换句话说，上天既然给了我们生命，我们就应该顺其自然、随遇而安。

心若淡定，生活中的所有不如意就都显得微不足道、可有可无。这样一来，我们才能活出自我的真正价值，活出精彩无比的人生。

4.让生活慢下来，守住本心

生活中，很多人容易受别人的影响，一旦听到别人的评价和指责，便改变最初的看法，放弃自己的主张，甚至无法守住内心。事实上，让你失去本心的不是他人的闲言碎语，而是自己的浮躁。

不妨看看这个故事：

一个年轻人到市场上卖鸡蛋，为了让行人看得更加清楚，他在一张纸上写着："新鲜鸡蛋在此出售。"

没过多久，一个路人停下来，看着他写下的牌子，说："兄弟，你为什么要加'新鲜'两个字呢？难道你卖的鸡蛋不新鲜？"年轻人想了想，觉得这个人说得有道理，"自己的鸡蛋新鲜，我为什么要多此一举强调呢？"于是，他就把"新鲜"两个字涂掉了。

过了一会儿，第二个路人停下来，看看牌子，说："你为什么要加'在此'两字呢？你不在这里卖，还会在哪儿卖？"他觉得这个人说得很有道理，于是便把"在此"两字涂掉了。

又过了一会儿，第三个人停了下来，是一位老太太。她说："'销售'二字是多余的，这些鸡蛋不是卖的，难道会白送吗？"于是，他把"销售"也擦掉了。

临近中午的时候，又来了一个人，说："你真是多此一举！鸡蛋就摆在你面前，大家一看就知道你卖的是鸡蛋，何必写上'鸡蛋'两个字呢？"

结果想必大家都知道了吧！这个年轻人把所有的字都涂掉了。

你是不是有这位年轻人相同的遭遇？是不是时常面临类似的处境，因为别人的话而改变想法和行动，最终失去本心，忘掉初衷呢？

或许你会说，并不是我不愿意守住本心，而是身边的人无时无刻不在干扰自己。但是，你要知道生活是自己的，既然你要守住自己，别人的想法与你又有何干呢？为了迎合别人而失去自己，真的值得吗？况且，每个人的观点都不一样，你又何必讨好所有人呢？

不管到什么时候，只有守住本心，坚守自己的想法和主张，我们才能做一流的自己，发现自己的价值。诚然，我们内心会受到各种干扰，物质、钱财、名誉、琐事、他人，正因如此，守住最初的自己才是对每个人的重大考验，才是每个人成就自我的关键。

事实上，本心是我们自己内心深处的价值观。这种价值观就像衡量自己的一把标尺，时刻指导自己应该守住哪些底线。这种底线和标准就是个人标签，同时也是赢得最后胜利的砝码。

然而，很多时候人们是容易失去自我，因为他人的干扰，更因为自己内心的贪欲。有些人精于谋划，但守不住自己的一颗心，当诱惑步步紧逼的时候，便会随着诱惑前进；有的人被物质、金钱、权力迷惑了心智，当面对这些诱惑的时候，他们失去最初的梦想，失去对是非的判断，以至于让自己一步步陷入深渊。

很久之前，有三个非常出色的年轻人，一个人善于骑术，一个人善于射术，一个人则长于谋略。他们原本过着平常的生活，可外族却趁着国王刚刚登基之际，频繁骚扰边境，导致边境民不聊生。

国王为了国家和百姓决定进行反击，并在全国范围内发布告示，说只要有过人才能的人愿意为国效力，在凯旋的时候就重重有赏。这三个年轻人怀着报国之心前来应征，并赢得了国王的赏识。

战场上，这三个年轻人充分发挥他们的才能，屡立奇功。不出一个月，外族被驱赶出去，大军得以凯旋。国王果然履行当初的承诺，对在战争中立有战功的人进行奖赏。国王对三个年轻人说：“你们在战场上屡立奇功，为国家做出了巨大贡献，想要什么奖赏就尽管说吧，我一定能满足你们。”

第一个年轻人说：“我要做大将军，统率军队！”

第二个年轻人说：“我要做丞相，治理国家！”

轮到第三个年轻人了，他却说：“我的梦想就是有一片自己的牧场，请求您赐予我一群牛羊和一块牧场吧。”

第三个人的回答让所有人十分诧异，没想到他的要求这么简单，他说这是自己最初的梦想，只要实现这个梦想自己便满足了。国王没有食言，分别满足了三个年轻人的要求。

几年后，第三个人在牧场上欢快地唱着歌，悠闲地牧着羊，生活非常幸福和快乐。而那两个人的欲望越来越大，想要得到的越来越多，结果因为企图谋反而被斩首。

故事中的两个做高官的年轻人，他们在最开始的时候，一心想要报效国家，保护自己的家园。可是随着成功、利益的到来，他们的欲念越来越多，逐渐失去本心，从英雄成为叛徒。

而第三个人是最成熟的，始终守着自己的一颗初心，单纯地守着快乐，虽然没有获得权力和金钱，但却一直过着幸福的生活。

守住本心，方得始终，这就是我们需要懂得的道理。人不能没有所求，我们可以求名利、求财富，但却不能因此而迷失自己，让内心深处的纯真被破坏。

尤其是在目前快节奏的生活状态下，每个人都面临巨大的压力、激烈的竞争。在快节奏的追逐中，我们越来越看重金钱、事业、名利、成绩，反而因为各种杂念失去自我，不是忘记自己当初的梦想，就是被物欲迷住双眼，丢失真诚、真实……

我们的内心充满燥热，却有一种若有若无的失落感、疲惫感。我们想要找回最初的自己，可却不知道怎么行动，更找不到来时的路。

其实，这个时候让自己慢下来，是一个很好的办法。当生活慢下来，我们就开始重新审视自己，努力让自己的内心变得冷静。当内心冷静下来的时候，我们便可以找回自己的内心，重管失控的节奏。

所以，不管什么时候，不要一味在意别人，不要一味追求物质和欲望，更不要让各种各样的杂念左右和改变自己。我们想要活得更高级，就应该守住本心，让内心冷静下来，让生活慢下来。只有如此，我们才能慢慢前行，看尽一路风景，过好属于自己的生活。

5.勤劳才能换来轻松，懒惰只会让你更累

但凡是人难免会有惰性，处理事务过程中会有想要停下脚步偷懒的念头，每每这时，心里的旁白大多是："不过就是偷懒一下，应该没有什么关系吧！"事实是，关系可大了！

因为偷懒，我们所面临的事情会越积越多，情绪也会因此陷入负面之中，继续加重懒惰的行为——在这样的恶性循环下，势必会让即待解决的事情变得越来越糟糕。

同时，偷懒是缺乏自律的体现，因为不能自律，时刻想着放松，能少做一些就少做一些，结果只能越来越懒惰。

所以，懒惰只会增加我们的负担，让我们感到愈加疲惫。若是想要轻松，我们就必须增强自律，克服偷懒的思想，养成勤奋的好习惯。事实上，那些成就辉煌事业的人并非没有惰性，并不是没有偷懒的思想，而是他们能够严格要求自己，逼着自己肯下苦功夫。

尼科罗·帕格尼尼是意大利小提琴演奏家、作曲家，著名的音乐评论家勃拉兹称帕格尼尼是"操琴弓的魔术师"，歌德评价他"在琴弦上展现了火一样的灵魂"。记者问帕格尼尼："您取得成功的秘诀是什么？"帕格尼尼的回答只有一个字："勤"。这里的"勤"，指的就是勤奋，帕格尼尼是以勤奋而闻名的。

帕格尼尼的父亲是一个没受过多少教育的小商人，但非常喜爱音乐，尤其是小提琴。在帕格尼尼刚满7岁的时候，父亲为他聘请了

一位在剧院拉小提琴的老师。在同龄的小伙伴耽于玩乐时，帕格尼尼每天早上九点钟开始在家练习拉小提琴，一直到下午五六点钟才结束。

年幼的他艳羡小伙伴能自由玩耍，但他知道要想拉好小提琴必须勤奋，所以告诉自己坚决不能偷懒，要坚持练习，以至于连做梦都在拉琴。就这样，帕格尼尼练就了娴熟的小提琴演奏技法，12岁时把《卡马尼奥拉》改编成变奏曲并登台演奏，一举成功，轰动舆论界。

之后，帕格尼尼开始跟着不同的老师学习，包括当时最著名的小提琴家罗拉和指挥家帕埃尔。他依然每天大约用12个小时练习自己的作品。1801年之后的五年间，他隐居起来，但没有停止创作，先后完成《威尼斯狂欢节》《军队奏鸣曲》《拿破仑奏鸣曲》等六首小提琴曲。

功成名就之后，帕格尼尼大可在家享受生活，但他对待事业的勤勉丝毫没有消减，往来于欧洲各地举行演奏自己作品的音乐会，1828年奥地利维也纳，1831年法国巴黎和英国伦敦，1839年马赛……这些演出均引起世界性轰动，也奠定了他国际演奏大师的地位。

勤奋不是一时的努力，而是一生的坚持和自律。帕格尼尼具有强大的自律力，他用五十年如一日的勤奋来实现梦想，并且不断鞭策自己，最终成就辉煌事业。这印证了爱迪生所说的“成功=百分之一的灵感+百分之九十九的汗水”这一论断。

生活中，很多勤奋的人是自律的，他们知道把最宝贵的时间用在最有价值的事情上，并且能够促使自己持之以恒。而习惯偷懒的人恰好相反，他们无法管理自己，总是让懒惰的思想有机可乘。他们认为偷懒没有什么，是自己占了便宜，事实上恰好相反。偷懒只能浪费自己的时间，并且还可能让你更加疲惫。

因为短暂的逃避之后，堆积的工作不会就此消失。相反，由于你的短暂逃避，某些工作可能就此错过最佳处理时间，你不得不花费更多的时间和精力做补救工作。这就是偷懒最可怕的地方，你获得的只是一点短暂而虚假的安逸，付出的却可能是之于数倍的代价。

小安就因为懒惰而把生活搞得一团糟。那时候，小安常常通过邮件和同事沟通工作，一开始，这对她来讲是件很轻松也很愉快的事情，因为她每天需要回复的邮件并不多。但是后来，因偷懒拖延了几天、几星期之后，众多邮件积累在一起，小安的思路开始变得越来越混乱，回复邮件的时间越来越长。

渐渐地，她发现在很多信件的开头，她都写下这样的话：“真对不起这么久才给你回信”或者“很抱歉拖了很久才回复”等。直到那一刻，小安才意识到本以为微不足道的小小偷懒，竟然已经把她的步调打乱成这个样子，把她的工作进度拖慢许多。

回过头来想想，如果小安当初能够自律，更好地管理和利用时间，第一时间就利索、漂亮地回复邮件，是不是就能避免陷入手忙脚乱的境地，把工作做得更好，获得别人的嘉奖、信赖和敬佩呢？

生活中，懒惰导致的不自律随处可见——本来计划出去慢跑锻炼身体，却犯懒选择躲在被窝里虚度光阴；本该兢兢业业完成一天的工作，却因突如其来的偷懒情绪而放下，在悠闲中度过一天；本来打算学习某项技能，以提升自己的能力，却因懒惰而不断拖延，在“明日复明日”中挥霍生命……

越是懒惰，越是无法自律；越是没有自律力，我们也就越想要偷懒。缺乏自律的懒惰，足以让我们的生活一塌糊涂。

所以，你时常想要偷懒，就应该做出改变。只要你能积极行动起来，勤奋且自律，就能使得生活越来越有序、美好，让自己变得越来越优秀。当你能把勤奋变成一种习惯的时候，你会发现，只要不与懒惰为伍，不论是生活还是工作，其实都可以很轻松。

6.不断更新，不断进步，做人生的“常胜将军”

这个世界从来都是变化莫测的，即便生活里没有狂风大浪，我们所处的环境每时每刻都在变化着。想要适应变化莫测的环境，唯一的办法就是让自己随着环境而不断变化、不断提升。

蜕变是痛苦的，但却有收获。我们需要管得住自己，更要不断更新，把自己变成最优秀的。唯有自律力强的人，才能对自己负责，不浑浑噩噩；他们无论何时何地，一刻也不要忘记提升自己，所以，才能跟上世界发展变化的步伐，成为笑傲人生的赢家。

这个世界上，没有谁会永远站在胜利的位置，也没有谁理所当然就能拥有一切。价值是一个变数，今天你可能是一个价值很大的人，但如果你故步自封、满足现状，明天你可能就会迅速贬值，被一个又一个的智者和勇者超越。今天你可能做着看似卑微的工作，人们对你不屑一顾，但如果你能够改变自己，坚持提升自己的能力、知识、修养，明天你将成就最好的自己，让人刮目相看。

所有的蜕变都是从自律开始的。因为自律，我们克服了畏惧的心态，治愈了懒惰、拖延以及怯懦和逃避，不甘于平庸，不甘屈服于环境，不甘安于现状。我们不断提升自己，实现从优秀到卓越的跨越，所以才实现最终的蜕变，成为人生的胜者。

鹰的寿命长达70年，但它必须在40岁时做出一生中最重要、最困难的一个决定。这时它的爪开始老化，无法有效抓住猎物；它的喙又长又弯，几乎碰到胸膛；它的翅膀变得十分沉重，因为羽毛长得又浓又厚，致使飞翔变得十分困难。

这种情况下，老鹰只有两个选择：等死，或者经过十分痛苦的更新过程。

这时老鹰会很努力地飞到山顶，在悬崖上筑巢，停留在那里。这个过程需要150天。

在这150天里，老鹰不停地用自己的喙击打岩石，直到全部脱落，然后静静等待新的喙长出来，再用新的喙把指甲一根一根拔掉。当新的指甲长出来之后，它会用爪把羽毛一根一根拔掉。就这样，150天以后，新的羽毛长出来了，老鹰又可以飞翔，重新面对另一个充满挑战的30年。

对于老鹰来说，更新自己是一个极其痛苦的过程，无异于脱胎换骨。但这也是生命必须经历的一个劫难。如果不能忍受这种痛苦，不能从痛苦中浴火而出，等待老鹰的就是在残酷的大自然中失去竞争力之后悲惨地死去。

正因如此，老鹰凭借自律和努力，不断逼迫自己一次次击打岩石，一次次拔掉指甲，一次次拔掉羽毛。试想如果它没有强大的自律力，恐怕早就失掉毅力和勇气，早就放弃了吧！

动物是如此，人类更是如此。其实，每一个曾经、旧日的自己，就像老鹰需要击碎的喙、拔除的指甲和抓落的羽毛一样，它们曾经伴随我们拼搏、飞翔。它们可能是我们的辉煌和荣耀，也可能是痛苦和失败，但无论是什么，我们都需要忘却、更新。否则，这些旧日的曾经就会成为我们人生的一种负累，把我们困在原地，无法继续前行。

我们要想继续前行，唯一的方法就是更新自我，超越自我。真正的强者有强大的自律，绝不会因为任何眼下的成就而洋洋自得，失去忧患意识，更不会因为失败和痛苦而萎靡不振，失去进取心。

惠普公司原董事长兼首席执行官（CEO）卢·普拉特说过：“过去的辉煌只属于过去，而非将来。”葛洛夫也有一句名言，即“唯有忧患意识，才能永远长存”。英特尔公司也一直小心翼翼，不敢有丝毫懈怠，力求“让对手永远跟着我们”。未来学家托夫勒指出：“生存的第一定律是：没有什么比昨天的成功更加危险了。”正是因为时刻保持这种强烈的忧患意识和危机理念，这些企业才能一直存有创新的紧迫感和敏锐性，始终保持旺盛的创新能力。

然而在生活中，很多人却缺乏这种自律自警的危机意识，无法管理好自己。他们往往在取得一点小小的成绩之后就沾沾自喜，沉浸在现有的安稳状况中，按照别人的安排埋头工作。殊不知，当他们不再学习，不再进步，也不再更新自己的知识结构时，世界却依然还在不断向前走，这样的结果就是，终有一天，他们会成为时代的弃子，被打上“过时”的烙印。

人生的道路上，每个人在勤奋努力的同时，都应该怀着一种强大的自律自省意识，约束和督促自己，更新和改变自己。

只有如此，我们才不至于在成功时迷失自我，或因陶醉于昨日的成功而成为时代的弃子。今天的成就仅仅代表今天，明天的成败与否要看我们如何迈开前进的步伐。当我们能够更加自律，不断更新自我、超越自我时，必然成为越来越出色的人。

7.凡事要有度，放纵就是魔鬼

《伊索寓言》中说：“许多人想得到更多的东西，却把现在所拥有的也失去了。”为什么会这样？因为这些人不懂得做事的尺度，太过于放纵自己的欲望，想要的越来越多。结果，被欲望迷惑了双眼和内心，成为被欲望操纵的木偶。

不可否认，人是有欲望和需求的，追求功名、金钱、地位等，是人之常情。但一个人不能自律，控制自己的欲望，永不满足，就会得不偿失，甚至给自己招来灾祸。

下面故事中的农夫就是如此：

一个地主家有一个勤劳的农夫，比任何人都努力和忠心。为了奖励他的努力和忠心，地主决定给他一块土地，并且让他自己选择。

地主没有说给他多大的土地，只是对他说：“明天太阳升起的时候，你就绕着土地跑，然后在太阳落山之前赶回来，你能跑多大的圈，我就给你多大的土地。”农夫听后非常高兴，他养精蓄锐，发誓一定要跑一个大圈，得到一大块土地。

第二天，太阳刚刚升起，农夫就向着前方跑，他一直跑，想要得到最大的一片土地。可是，他只顾着一直向前，却没有计算回来的时间。直到太阳快下山的时候，他才匆忙地往回跑。为了能够及时赶回原点，他拼命地跑，结果在快到达原点的时候突然倒下，他已经耗光了所有的体力和精神，最终累死了。

地主好心地埋了这个农夫，感慨地说道："一个人究竟需要多少土地呢？再大的一片土地，如果你失去性命也是无法获得的！这个农夫真是太傻了，贪心不足蛇吞象，结果赔掉自己的性命！"

没错，人有自己的喜好和欲望是正常的，就怕没有一个"度"，过于放纵自己的欲望。放纵自己，就会忘乎所以，误入歧途，走火入魔。对任何人来说，这都非常危险。正因如此，我们才要克制自己的欲望，有意识地自我约束，力求做到凡事有度，适可而止。

事实上，做事有度体现了一种自律精神。可这并不容易做到，因为需要我们诚实地面对自己的各种欲望，抵制各种诱惑，保持足够的冷静和理智，进行自我说服、自我约束，在追求欲望的时候时刻提醒自己保持一个适当的度。只要我们能够真正做到，便可以不被欲望操纵，远离放纵的魔鬼。

当然，我们不仅要控制欲望，不为金钱、物质、名利等迷惑心智，更应该在生活的方方面面控制自己，力求做事有度，不放纵，不肆意妄为。比如在饮食方面，我们要管住自己的嘴巴，食不过饱，饮酒不过量；在工作方面也要适度，不做工作狂，不熬夜加班；在感情上更是如此，不过分爱一个人，不纠缠不属于自己的爱情……

可很多人是没有自律和节制的，有的人过于贪吃，把自己吃成胖子；有的人过于贪酒，嗜酒如命，不烂醉如泥不罢休；有的人在感情上不懂得把握尺度，爱一个人爱得失去自己，一旦失恋便寻死觅活……

埃及末代国王福阿德·法鲁克便是如此。他非常好色，喜欢美女，当政期间，常在大街上搜罗中意的美女。只要有了目标，他就会不假思索地前去求婚，丝毫不顾及国王的身份。

法鲁克还迷恋收藏，尤喜古玩、名画和一些珍稀物品，只要是他看上的东西，就一定会弄到手，甚至还会命人偷窃和抢夺。

除此之外，他还无法控制自己暴饮暴食。在法鲁克王朝被推翻之后，他为了逃避现实，每天对着墙壁暴饮暴食。他本身就非常肥胖，再加上毫无节制地暴饮暴食，他的体重迅猛增加，严重影响了身体健康。

最可笑的是，他竟然被撑死了。据说，那顿晚餐他整整吃了12只大龙虾、10颗牡蛎、8条鱼以及5碗炒饭，还有许多果酱、豆类、蔬菜、水果和奶酪。当他吃完这些东西后，就一头栽倒在沙发上再也没有起来。

所以，放纵是一个可怕的魔鬼，它会让我们毫无节制，被各种各样的欲望掌控。

早在几千年前，《礼记》中就说：“敖不可长，欲不可从，志不可满，乐不可极。”这就是在提醒我们，做人要自律、要节制。这不仅是一种自律和节制，更是一种持中的态度，既不“过”也别“不及”。

为了更好地生活，培养和提升自律能力，力求做事有度，才是最好的选择。如此一来，我们才能抑制强烈的欲望，保持真我，不让自己在过度欲望中失控。

第四章 自制力：如果你不管理情绪，就会被情绪反制

DISIZHANG

情绪是情商的核心成分。人都有七情六欲，有情绪，大多数人也无法控制情绪，容易被情绪牵着鼻子走。高情商的人则自我控制能力强，能驾驭情感波动，避免坏情绪的影响，总给人以一种自然亲和的姿态，让人觉得亲切和舒服。

1.你不是脾气大，而是自制力太差

很多人特别容易发怒，一遇到不顺心的事情就怒火中烧，肆意发泄。若是别人劝他冷静些，他便无奈地说："我也不想发怒，只是平时脾气比较大。""脾气是天生的，我实在控制不住！"

可是，真的如此吗？

其实，这些人不是脾气大，而是自制力太差而已。他们从不控制自己的脾气，任由怒气冲昏头脑，以至于被不良情绪困扰和控制。若是他们能够提升情商，增强自控能力，在怒火上升时及时停止，便可以让事情变得简单很多。

让自己冷静下来，控制自己的不良情绪，实际上远远比随意发脾气要好得多。这不仅帮助我们保持良好心态，顺利解决问题，还可以给他人留下良好印象，获得良好的人际关系。

包布·胡佛是一名小有名气的试飞员，时常在航空展览中表演飞行。有一次，胡佛接受了一次飞行表演任务，驾驶一架螺旋桨飞机在高空表演。开始的时候，胡佛飞得非常顺利，可是，当他飞到300英尺时，引擎竟然突然熄火了。

幸好，胡佛有着熟练的技术和丰富的经验，经过努力，有惊无险地安全着陆。虽然飞机遭到损坏，但是没有人员伤亡。之后，胡佛对飞机进行检查，发现飞机燃料竟然填充错了——负责保养飞机的机械师竟然把喷气机的燃料填充到这架螺旋桨飞机中。

胡佛异常愤怒，他没有想到机械师竟然如此疏忽大意。他立即找到这个机械师，想要狠狠地大骂对方一顿，指责他的疏忽使一架昂贵的飞机报废了，还差点害自己丢了性命。

当胡佛看到机械师之后，便改变了主意。他看到那位机械师已经泪流满面，正在为自己所犯的错误忏悔难过。胡佛控制住怒气，冷静了一会儿，然后温和地说："你是一个专业的机械师，之所以会犯错，很可能被其他事情干扰了。为了验证你是否能够不再犯错，我决定请你明天继续为我的飞机进行保养。"

那位机械师听了胡佛的话震惊了，他没有想到胡佛不仅没有责骂自己，反而宽容自己，还把飞机保养任务交给自己。他立即感激地点了点头，发誓一定会认真负责，不再疏忽大意。

之后，那位机械师再也没有犯过错误，并且成为胡佛最贴心、最默契的工作伙伴，两人的关系非常好。

毫无疑问，包布·胡佛是一位情商高的聪明人，他不仅控制住自己愤怒的情绪，还原谅了机械师的过失。自然，他的高情商也赢得机械师的感激和尊敬，努力将功补过，真诚与其合作。

发脾气不过是我们宣泄情绪的一种方式。诚然，我们可以发泄心中的不良情绪，但必须明白一点，如果自控力太差，过于感情用事，只能让自己陷入坏情绪无法自拔。这对解决问题不仅于事无补，反而让我们的处境越来越糟，就像一怒之下踢石头，只会痛着脚指头。

米开朗琪罗说："被约束的才是美的。"对情绪来说，也是如此。一个人如果没有自控力，不能使自己的情绪得到有效调控，就有可能成为情绪的"奴隶"和牺牲品。

现实生活中，总有人无法控制自己的情绪。我们会看到，有些人因为一些不足挂齿的小事不可抑制地愤怒，结果做出追悔莫及的事情。历史上的一些伟大人物也是如此。拿破仑是战场上的“常胜将军”，但他在情商上并不是强者，太容易动怒，时常无法控制自己的情绪，随意地发泄脾气。

有一次，拿破仑听说他的外交大臣塔里兰竟然勾结外敌密谋造反，他心中万分愤怒，立即从西班牙赶回来，召集所有大臣开会。

会议上，拿破仑一看到塔里兰就压抑不住心中的怒火，不管其他大臣，只是愤怒地看着塔里兰。如果拿破仑的眼睛能喷火，恐怕塔里兰早就被烧得化为灰烬。

可是塔里兰却像没事儿人似的，好像一点儿都没有感受到拿破仑的怒火。见到这样的情形，拿破仑再也控制不住自己的情绪，走近塔里兰说：“有些人希望我马上死掉！”

塔里兰的确在密谋造反，他是在故意激起拿破仑的怒气，让他气急败坏，失去领导者的权威。塔里兰没有回答拿破仑的问题，而是用疑惑的眼神看着拿破仑。

终于，拿破仑的怒火像火山一样喷发，冲着塔里兰大喊：“你的权力是我给的，你的财富也是我给的，你竟然背叛我，你这个忘恩负义的家伙，没有我你什么都不是。你不过是一团狗屎，我再也不想见到你。”说完，愤怒地拂袖而去。

这时塔里兰反而一脸平静地对大臣说：“我们伟大的皇帝今天是怎么了？他为什么如此暴躁，对我发这么大的火？我可没有做什么对不起他的事。或许，他是因为心情不好吧！”

拿破仑以为对塔里兰发火就能震慑住他，起到杀鸡儆猴的作用。可是他忘记了，一个人，尤其是领导者，若是无法控制自己的情绪，歇斯底里地发脾气，只能让自己的权威大大受损。结果可想而知，拿破仑因为乱发脾气，在大臣面前失态而导致威望大跌，最后，丧失主宰大局的权力，让塔里兰的阴谋得逞了。

拿破仑的遭遇可悲可叹吧！可这是他无法自控、意气用事导致的。这真的值得吗？

每个人都应该努力控制自己的情绪，不随意发脾气，更不要让愤怒冲昏头脑，而应该在关键时刻保持冷静和理智，心平气和地处理问题。

正如一首诗所说："哪怕你心中燃起熊熊烈火，也不要在你鼻孔中飘出丝丝青烟。"当我们消除怒气，就会发现所有的难题都能够轻松驾驭。

2.掌控情绪，决定你的人生格局

每个人都有情绪，或是高兴、愉快，或是伤心、愤怒。发泄情绪也是正常现象，不仅可以抒发我们的情感，更可以缓解内心的压力。尤其是愤怒、郁闷、伤心等负面情绪，若是不能及时发泄，很可能会影响身体、心理健康，使人“憋出病来”。

但我们需要注意，发泄情绪可以，但放任情绪的宣泄就大错特错了。因为一个不小心，你就会被自己的坏情绪带入尴尬两难的境地。

人生在世，不如意之事十之八九，如果遇到一点点挫折与困难就满腹抱怨，人与人之间岂不是个个苦大仇深，见面就掐？如此，你的生活还怎么继续，理想还怎么实现呢？你连自己的情绪都控制不了，又怎能更好地与人交流，获得事业的成功?

所以，控制情绪真的很重要。只有提升情绪管理能力，学会自我开解与调节，我们才能修炼更高的情商，在工作、生活中游刃有余地开展人际关系，追寻梦想。

事实上，每个人都有开心或难过的时刻，情商高的人何时何地都是神采奕奕、笑容满面。这是因为，他们能够控制和调节自己的情绪，不会和自己过不去；而情商低的人，则精神不振，愁眉苦脸。他们无法控制自己的情绪，随意发泄，更无法找一个合理的疏通渠道。

冉冉的朋友圈，几乎成了不良情绪的宣泄地，她每天都在不停抱怨：埋怨男朋友不够温柔体贴，没有甜言蜜语；数落餐厅服务员不够热情，态度傲慢；抱怨同事在工作上不积极配合她；吐槽上下班路上堵车严重，打车不便……

整个朋友圈充斥着满满的负面情绪，总之，冉冉没有一天不在抱怨。闺蜜好心提醒她，在朋友圈这种公众场合对同事、领导发表言论，是职场大忌，会影响工作开展与同事关系。

但冉冉满不在乎地说："我不管，谁让我不痛快，我就要让他不痛快。更何况，我说的也是事实！他们爱咋滴咋滴，随便。"

长期如此，冉冉不仅成了众矢之的，被同事孤立起来，甚至连工作都没法开展下去。没过多久，她便辞职离开了公司。

其实，不管是工作还是生活中，一个人若不能学会控制自己的坏情绪，不但会让自己整天处在焦虑与紧张的环境中喘不过气来，还会给身边的人带来无形的压力。久而久之，身边的人便会选择逃离你负面情绪的包围圈。试想，如果你身边有这样情商低、无法控制情绪的人，你愿意和他交往吗？

每个人都有七情六欲，但当你随心所欲爆发情绪时，可曾考虑过他人的感受；当你无缘无故泣涕如雨时，可记得手上的工作没有完成；当你反复无常怒发冲冠时，可想过背后的家人？

没有人愿意看你愁眉苦脸的模样，也没有人甘愿做你情绪的垃圾桶。情商高的人不是没有情绪，而是他们知道如何管理，更懂得站在别人的角度思考，不会随意向别人发泄。正因如此，他们的情商为自己赢得了好人缘，也赢得了事业的成功。

如果你随意发泄不良情绪，根本不考虑场合，不在乎别人的感受，终有一天，你会被自己的坏情绪所害，因自己的低情商而悔恨不已。

王军是一名保险公司的销售员。一天，他到客户家中推销公司刚出的新产品。在与客户寒暄的过程中，明知客户家中有病人，心情不太好，他还喋喋不休，一个劲儿地夸奖新产品的优势，想说服客户购买。但心情不好的客户，根本不想听王军的唠叨，当场拒绝并将他轰了出去。眼看业绩还无着落的王军很是气愤，被轰出来后，便捡起路上的石头，砸了客户家的窗户。

这一幕刚好被巡逻的保安发现，把他送到警察局。到了警察局，冷静下来的王军悔不当初，认为自己如果能控制好情绪，此刻也不会坐在警察局了。

既然无法强求，为什么不尝试发展其他客户呢？为什么不换个角度想客户这次不同意，兴许下次时机对了，言语诚恳一些，客户就同意了呢？

这样一想，是不是心情瞬间就会好很多，笑一笑，其实没什么大不了的。要知道，上帝给你关上了一扇门，一定会给你留下一扇窗，只要换个角度想问题，你会发现，人生处处充满机会。

好的心境是自己努力创造的，正所谓千人千面，世上每个人的性格与情绪都不同，即使你对他人心生不满，看不惯他人的所作所为，又能怎样？你无法改变他人的行为举止、一言一行，就只有学着改变自己，控制和管理情绪，这样才不会让情绪变得糟糕透顶，做出不当的事情。

娟子大学毕业进了一家公司实习。她不仅工作勤奋，脚踏实地，而且是同事眼中的“开心果”。不管面临怎样的烦恼，她都能轻松应对，一一化解。

有一次，娟子与同事一行人去邻近的A市考察项目，到了目的地，却因客户临时有事而被放了鸽子。大热天，骄阳似火，同事们满腹牢骚，不停地抱怨，娟子却一脸淡定，从容地安慰大家，说："何必与自己的身体怄气呢？客户虽然放了我们鸽子，但我们可以利用这个时间对周边环境做一些考察，知己知彼，才能百战不殆……"

前一秒还担心白忙活一场的同事，听到娟子的这番话，立马振作精神，投入对周边环境的考察中来。正因为提前做好准备工作，在第二天的项目谈判中，娟子她们进展得非常顺利。

娟子是一位情商高的女孩儿，即便面对客户放鸽子，也能积极应对，而不是抱怨、愤怒。试想，如果娟子当时没有控制好情绪，与同事一起发牢骚、抱怨，而不做任何准备工作，项目谈判能这么顺利进行吗？

抱怨只是使负面情绪无限膨胀，让自己的情绪越来越糟糕，让事情往坏的方面发展。所以，若不想如此，我们就应该提升情商，学会掌控情绪，寻找合适渠道发泄不良情绪。只有控制好情绪，调节好情绪，在以后的生活和工作中，你才会如鱼得水，得到更多人的喜爱与尊重。

拿破仑曾说："能控制好自己情绪的人，比能拿下一座城池的将军更伟大。"控制情绪，说起来简单，做起来并不容易。正因为难以做到，你才要随时随地提醒自己，控制好自己的坏情绪。当你能处变不惊、安之若泰，学会控制情绪时，便已迈向成功的起点，先人一步，赢了大半个人生！

3.不要在该理性的时候太感性

人非草木，孰能无情。人与动物之间的最大差别就在于，人类情感丰富，智力发达，有情感的同时也拥有智慧，就应该懂得用自己的智慧约束多变的情绪。

简单来说，人有感性和理性，有的人能够用理性战胜感性，不会任凭情绪支配自己；有的人则是感性战胜理性，不能冷静地处理问题，完全被情绪支配。显然，前者是情商高的人，后者则情商很低；前者自控能力强，后者则自控能力弱。

每个人心中永远存在理智与感情的斗争，那些情商高者、成功者大多具有自控、理性的特征。他们能够理智地控制自己的情绪，克服负面情绪，进而控制自己的命运。

令人惋惜的是，很多人无法做到理性，一遇到什么事情就失去了理智，让感性情绪充斥大脑，结果使得自己被情绪所控制，最终酿下大错。

古今中外，因不理智而铸成大错的例子不胜枚举。著名的俄罗斯诗人亚历山大·谢尔盖耶维奇·普希金就是一个遇事不够理性的典型：当听说自己的情人被他人纠缠时，冲动地找对方比剑，结果白白断送年轻的性命，成为世界文学史上重大的损失；《三国演义》中的关羽也是由于不够冷静，不能对当时的战场情况进行正确分析，一味蔑视敌人，结果败走麦城，死于无名小卒的绊马绳索之下。

所以，成功路上最大的路障不是别人放置的，而是自己设置的，是我们的不理性导致自制力不足，以至于自己害了自己。若是你还没有认清这样的事实，不妨再看看这个故事。

刘易斯·福克斯是美国著名的台球运动员，取得过很多奖项，可是，却成为被一只苍蝇打败的冠军。这究竟是怎么回事呢？

原来在一次比赛中，刘易斯·福克斯和另一位选手争夺冠军，他的分数遥遥领先，只需再打几分就可以拿到冠军。然而，让人想不到的是，发生的一个小插曲改变了比赛的最后结果，也改变了这位冠军的命运。

轮到刘易斯击球的时候，一只苍蝇落在他的主球上。刘易斯为了更好地比赛，便挥手扇了扇，想要赶走这只苍蝇。苍蝇飞走了，想不到的是，当他准备再次击球的时候，苍蝇竟然又落回到主球上。这个时候，刘易斯的情绪发生了一些变化，他开始变得紧张、烦躁，又一次起身驱赶苍蝇。

这只苍蝇就像故意捣乱似的，只要刘易斯做好击球的准备，它就落到主球上，这让刘易斯感到非常尴尬，观众也被这一幕逗笑了，发出哄笑声。与此同时，刘易斯的情绪已经降到最低点，他看着可恶的苍蝇，感到异常愤怒和烦躁，竟忍不住用球杆去打苍蝇。

由于苍蝇落在主球上，球杆碰到主球，这使他失去击球机会。之后，刘易斯再也无法冷静下来，以至于连连失利，最终输掉比赛。一名球技精湛的运动员竟然被一只苍蝇打败了，这实在令人唏嘘！

故事还没有结束。比赛失败之后，刘易斯·福克斯沮丧无比，始终无法从失落、恼火、郁闷的情绪走出来，变得越来越抑郁，最后竟然投河自杀了！

看完这个故事，你有什么感想？是不是觉得刘易斯实在太可惜了！确实如此，因为一只苍蝇而失掉比赛，甚至是生命，怎么不可惜呢？试想，若是刘易斯能够控制自己的情绪，理性地处理问题，结局肯定不会如此悲惨。

所以，遇到一些突如其来或应接不暇的情况，为什么不努力让自己冷静下来，用理性来控制自己？事实上，理性并不难做到，只要我们能够让内心变得沉稳，平心静气地分析道理而不感情用事，就可以临阵不乱，不会使得情绪发生急剧变化。

当你感觉情绪发生变化时，可以做一些事情让自己恢复平静。比如，全身放松，自然坐下来，轻闭双眼，双手自然下垂。然后，进行持续6秒钟的吸气，这个过程中，全身要紧绷起来，让空气流过身体的每一部分。当呼气的时候想着放松，让紧绷的身体放松下来，反复进行。如此一来，你就可以将即将爆发的情绪反应压制回去，精力集中地应对挑战。

你也可以铭记成功学大师奥格·曼狄诺的一段话，以此提醒自己控制情绪。“在我的心中有一只轮子，它一刻不停地旋转着，由乐而悲，由悲而喜，由喜而忧。现在，我要学会控制这只失控的轮子。我不会再任由我的情绪控制我的个性，我不会再听之任之。我知道，要想掌握自己的命运，就要先掌握住自己的情绪。若是我能够控制自己的命运，就会成为世界上最伟大的推销员！”

总之，遇到问题让自己冷静下来，把注意力放在有用的行动上，不被无用的情绪所操纵，这样一来，你就可以恢复理性，驾驭自己的情绪和生活。

4.控制情绪，得理也要学会饶人

很多人会有这样的情形，一旦自己占理，就会摆出有理走遍天下的范儿，得理不饶人。不是对得罪自己的人大呼小叫，就是对犯错的人严厉批评。他们觉得自己做得没错，殊不知，这是没有修养的表现，更是没有情商的体现。

即便他人有错在先，心胸宽广，抱着宽容的心态来面对，给对方留有一些余地，给对方一个台阶，才是最好的选择。否则，你不但没了“理”，还可能失去好人缘，让所有人都觉得你不可理喻。

然而，现实生活中，很多人做不到这点，一旦与别人发生争执或别人做了错事，就惯常冷言冷语，有理不饶人，丝毫不给对方留余地和情面。他们认为自己没有错，结果往往使自己走向孤立无援的地步，生活工作各方面陷于窘迫。

颜颜是一位高学历、高才华的“海归”，在一家广告公司做策划主管。她口才棒，思维敏捷，能力也很出众。按理说，她在公司应该混得风生水起，如鱼得水！可是，令人没有想到的是，不到一年时间，她就被迫辞职了。

这是因为颜颜的情商不怎么高，高傲、自负，且做事不给人留余地。比如，每当她听到其他同事提出一些较不成熟的策划案，或是不小心做错事情得罪到她时，她总是毫无顾忌地抱怨，大加指责……

在颜颜的观念里，自己这样做没有什么不对，因为别人有错、有不足，自己就应该直接指出来，以便别人提升、改进。如果不是别人有错在先，也轮不到她抱怨或指责！殊不知，她高傲的态度令人反感，使别人当众出丑，丢了面子。

渐渐地，没有人愿意和她一起工作，更不愿意服从她的领导。她成为一只“孤鸟”，工作上遇到重重困难，最终不得不被迫离职。

对于原则性的问题，寸步不让，这是应该的。可是生活中，很多问题并不是原则性的，自己有理就咄咄逼人、穷追猛打，还一副“我是讲道理的人”的姿态，实在难看，更缺乏宽容的修养。

对颜颜来说，对于工作严格要求没有错，错就错在她毫无顾忌、不留余地地指责别人。虽然她的理由很充分，但却没有从对方角度出发，更没有控制自己的情绪，使得同事的自尊受到严重伤害，不愿和她交往，甚至集体而攻之。

可是，颜颜若能控制好自己的情绪，理智地处理问题，宽容对方的小错，或是私下提出自己的意见，结果就会是另一个样子：她肯定能赢得别人的喜欢，让对方更愿意改正错误。

所以，得理饶人是聪明的作法，不仅体现你的宽容大度，更体现你的情绪管理能力。饶了别人，就是饶了自己。也许今天的朋友会成为明天的敌人，而今天的敌人也许会成为明天的朋友。放别人一条生路，他会心存感激，来日也许还会报答你。就算不图报答于你，也不太可能再度与你为敌，这就是人性。

不妨看看与之相反的例子。下面故事中马辛利就是因为能够控制自己的情绪，以尊重的态度和平和的心态面对对方，才使得剑拔弩张的矛盾缓和下来，成功将对方拉拢了过来。

威廉·马金利在职期间，很多人反对他，想办法和他作对。有一次国会议会上，一位议员当面粗鲁地辱骂他。面对对方的无礼责骂，威廉·马金利没有和对方争吵，也没有用职位进行施压，而是默默地倾听。

等对方发泄完之后，威廉·马金利站起身温和地说道："您现在的气该消了吧，请放心，我不会对你怎样，不过我有必要告诉你我的理由，我愿意解释给您听……"当威廉·马金利有条不紊地将自己的理由讲述出来时，那位议员对威廉·马金利的安排心服口服，羞得面红耳赤。日后，他诚心诚意地支持威廉·马金利的工作，两人成了无话不谈的好朋友。

试想，如果威廉·马金利得理不饶人，利用自己的职位和得理的优势，咄咄逼人地对那位议员进行反击，肯定会引起很大的争执。即便他能吵过对方，对方也很难心服口服。这样一来，分歧就会越来越大，威廉·马金利的工作也很难进展下去。

所以，心怀坦荡，得理饶人，才是最好的选择。胸怀宽广，心地坦荡，你就不会轻易被激怒，让情绪失去控制；得理饶人，你就不会斤斤计较，露出丑陋与狰狞的一面。

当与别人发生争执，或是别人做了对不起我们的事情时，我们该怎么办？其实，最好的处理方法是，保持一颗宽容的心，设身处地为他人着想，说话做事留有余地。

凡事留余地，得饶人处且饶人，这不仅是宽容他人、尊重他人的表现，更是爱自己的一种表现。这不仅可以给予对方反思自己的机会，同时也能体现自己的气度，很多时候，事情就会朝着所希望的方向发展。最终，我们会赢得别人真心诚意的尊敬与合作，获得开启成功之门的钥匙。

更何况，谁人不犯错？我们犯错的时候，是不是也希望得到别人的宽容？既然如此，为什么不能设身处地为他人着想呢？

汉朝时期，有一位太守名叫刘宽，有较高的德行和情商。他仁慈宽厚，心地善良，对自己的属下和百姓都很宽容。就算别人做了错事，他也只会用蒲鞭轻轻打几下，以示警告。就算别人得罪自己，他也一笑而过，不斤斤计较，更不会挟私报复。所以，老百姓都非常尊敬和爱戴他，说他是难得的好官。

有一次，刘宽坐着牛车在外视察，突然跑来一个农民要“抢牛”，说刘宽乘坐牛车的牛是自己的。刘宽没有和那人争执，而是吩咐车夫把牛解下给那个人，自己走着回家了。后来，那农民家的牛找到了，才知道自己冤枉了刘宽，立即前来还牛道歉。

这个时候，刘宽没有得理不饶人，而是好言好语安慰那人不用太介意，并说：“你不必担心，回家好好生活吧，我不会怪罪于你。”

刘宽的夫人听说丈夫深得民心，一开始还不太相信，便想试探一下。一天，刘宽在家里办公时，刘夫人便故意让身边的一个婢女前去试探，故意假装摔跤，把肉汤全都泼到刘宽的官服上。

谁知，刘宽不仅没有发脾气，惩罚“犯错”的婢女，反而关心地问婢女有没有烫伤。见此，不仅刘夫人心悦诚服，连婢女都感动不已。正是由于刘宽有理让三分的度量，百姓对他非常佩服，也更加爱戴他了。

径路窄处，留一步与人行。

得理饶人，是一种高情商。我们要培养自己的同理心，学会体会他人的情绪和想法，理解他人的立场和感受，站在他人的角度思考问题。饶过别人，其实也是饶过自己。

5.管理好情绪，别让小麻烦变成大麻烦

生活中，我们难免遇到这样那样的麻烦，比如工作中的不快、别人的挑衅以及冒犯，或是情感问题等。遇到类似的麻烦事，情绪和心情受到影响是正常的，毕竟人不是圣人，不能真正做到“喜怒不存于心”。

但是，当麻烦事接踵而至的时候，任凭情绪发酵，轻易地抱怨、愤怒，只能把坏情绪带到自己的心境，把小麻烦变成大麻烦，以至于生活一团糟。我们应该做的是学着管理或战胜自己的坏情绪，不要因为麻烦事而烦恼、抱怨、愤怒。

管理好自己的情绪，一开始会有些困难，但一直坚持下去，我们就能提升自控力，做一个情商高、心智成熟的人。北宋时期，名相韩琦是一位有极高人格魅力的人，而这种人格魅力就源于他对情绪的控制力。

韩琦家里珍藏着两只珍贵的玉杯，做工精巧，价值连城。他十分喜欢，平时都放置在特定的盒子里珍藏着，只有闲暇时，才会拿出来细细观赏。

一天，一位好朋友到韩琦家拜访，希望能够欣赏玉杯。韩琦不好意思拒绝，便让仆人把玉杯小心翼翼地放在铺着绸缎的桌子上，朋友也对这两只玉杯赞不绝口。就在这时，一个意外发生了。仆人在端茶水的时候不小心扯到绸缎，两只玉杯掉在地上被摔得粉碎。

仆人吓坏了，立即跪在地上求饶。大家都知道韩琦对玉杯的喜爱，心想这个仆人肯定免不了一通打，即便不挨打也得被痛骂一顿。

谁知，韩琦没有如此，笑着对朋友说："凡是物品都有毁坏的时候，只可惜后世的人欣赏不到如此精美的玉杯了。"然后，韩琦扶起仆人说："杯子碎了就碎了，你也不是有意为之，下去吧。"

这个故事有很多种解读方式，体现了韩琦的宽容和豁达，但从另一方面来说，也体现了韩琦控制情绪的能力。仆人打碎自己最喜爱的玉杯，韩琦内心肯定难过、惋惜，但他却没有让坏情绪控制自己，愤怒地责骂仆人。他知道，在悲剧已经无可避免的情况下，坏情绪只能让麻烦越来越大，对自己的生活产生不良影响。

一个人的精力和时间都是有限的，遇到麻烦事的时候，学会不让坏情绪影响自己，才不会陷入麻烦。心态一旦发生变化，就会引起连锁反应，就像"滚雪球"一样越滚越大，十分可怕。

所以，解决生活中的麻烦，最好的办法就是改变自己看待事物的态度，控制坏情绪。这样一来，我们不仅能解决麻烦，还能收获意想不到的结果。

德国著名化学家弗因德里说过："我差点因为一时的坏脾气而影响了学术的发展进程。"这完全是发自内心的感慨。事情是这样的：

一天，弗因德里头痛难忍，一整天的情绪都很坏，根本没心思工作。这时，他在书桌上看到一位青年寄来的一篇论文，希望能够得到他的指导。弗因德里粗略地看看这篇论文，觉得里面完全是些奇谈怪论，顺手就把它丢进纸篓。

没过几天，他的头痛好了，心情也大好。他又觉得那篇论文中的言论很新奇，于是连忙把它捡出来重新读了一遍。细读之后，他发现这篇论文有很大的科学价值。于是，他马上写了一封信，将这篇论文推荐给一家很有名的学术刊物。

果然，这篇论文一经发表，就在学术界引起很大的轰动。那位年轻人也备受鼓舞，专心做研究，最后，还获得了诺贝尔奖。

虽然弗因德里的话是自嘲，但我们不能否认，若是他任凭坏情绪发酵，毁掉那篇论文，这篇优秀的论文很可能推迟很多年才能发表，甚至影响那位年轻人的命运。没有坏情绪的影响，这一切来得更加自然。

虽然我们的坏情绪或许没有这么大的影响，但当我们因很小的麻烦事而产生坏情绪时，这种情绪是可以传染的，使我们陷入无尽的麻烦。

所以，不妨问问自己，你是否会因为一些不足挂齿的小事不可抑制地愤怒，令坏情绪控制自己；是否因为别人的一点小错意气用事，发生激烈争吵；是否因为朋友间的一丝隔阂而冲动、发怒，闹得朋友不和，最后分道扬镳……

如果答案是肯定的，管理好自己的情绪吧！最好是从根源上杜绝坏情绪的产生，如此一来，小麻烦才不会像滚雪球一样越滚越大。

6.少些抱怨的情绪，多些感恩的心

很多人被抱怨情绪充斥着，时常抱怨别人的生活美不可言，自己的生活却是苦不堪言；抱怨别人为什么总是和自己作对，自己走到哪里都倒霉；抱怨别人的妻子美丽，孩子聪明，自己的妻子又胖又老，孩子调皮捣蛋……

因为抱怨，他们的生活不快乐，人生越来越多苦恼，被负面情绪缠绕，以至于错过很多美好。他们的生活真的那么糟糕吗？其实不是，只要他们少些抱怨，多些感恩，或许就可以发现生活中的美好。

不妨看看这个故事：

一位年轻的诗人很有才华，有一个温柔美丽的妻子，活泼可爱的儿子，还有一群爱玩闹的朋友。但是，他却整天愁眉不展，唉声叹气，看起来十分不快乐。一个天使觉得奇怪，询问原因，诗人回答："我的妻子温柔美丽，但才华不够，我和她没有共同语言；我的儿子太调皮了，天天把我闹得心神不宁；我的朋友更是烦人，有事没事就来家里拜访，打扰到我的生活……"

天使决定帮助诗人，让他变得快乐起来。既然诗人抱怨自己不快乐，而不快乐的原因在于妻子、儿子及朋友，为什么不把他们都带走呢？

接下来，天使对诗人说："我明白了，会满足你的愿望的。"

就这样，妻子、儿子及朋友都被天使带走了。开始的时候，诗人感到非常开心，终于可以过自己想要的生活了。没过几天，他就意识到没了妻子的体贴、儿子的欢闹、朋友的拜访，他的生活变得凄凉无比，更无心创作。

直到这时，他才知道原来自己的生活多么快乐和幸福，而自己只知道抱怨和索取，不知道感恩和珍惜。可这时，他再后悔已经晚了。

事情就是如此。很多时候，我们非要等到失去之后才能发现身边的美好。原因很简单，我们习惯了抱怨，习惯了不断索取，而没有对所拥有的感恩。我们认为自己享受的、拥有的都是理所当然的，一旦遇到一丁点儿不如意的事，就抱怨不停；一旦别人不能如自己的意，就认为是在和自己作对……

殊不知，抱怨是一种可怕的负面情绪，它会加重我们心中的阴霾，分散我们的注意力，浪费我们的精力。时间长了，我们只能成为怨天怨地的怪物，一边蜷缩在自己的世界里裹足不前，一边吹毛求疵地挑剔世界的不公，指手画脚地斥责整个世界。

抱怨的人从来不会从自己身上找原因，会把所有责任推卸到别人身上，认为一切都是别人的错。正因如此，抱怨无助于解决任何问题，也会阻碍我们实现自我，争取幸福和成功的步伐。抱怨的人，很难获得别人的青睐更难走向成功。

小方就是一个能力不行，还喜欢抱怨的人。他平时不努力工作，却整天抱怨老板不重视自己。看着当初一起进公司的其他同事加薪的加薪，升职的升职，唯独自己的薪水、地位不见变化，他再也坐不住了，便当面向老板抱怨："我工作时也很努力，为什么不能给我升职？”“我已经来公司好几年了，为什么职位还没有新人高？”

见他如此抱怨，老板严肃地说：“你在公司待了4年，也算是老员工了，不是我不想给你加薪、升职，这几年来，你整天知道抱怨，丝毫没有让我看到进步。说实话，你现在的工作能力也只是新手的水平。这样一来，我怎么能重用你？”

小方把宝贵的时间用在抱怨上，从来不知道提升自己，不能不说是事业上的失败者。如果他想要改变自己现在的处境，希望自己取得不断的进步，就必须停止毫无意义的抱怨，努力改变自己的心态和行动。只有学会用积极的心态面对工作，他才能不断提升自己；只有学会用感恩的心代替抱怨，他才能以主人翁心态对待工作和老板，认真负责，促使自己做出一番成绩，得到升职、加薪或奖赏。

这里有一个与小方相反的例子。

她是一个临时清洁工，负责打扫微软总部的整座办公大楼，可想而知，工作量有多大。她每天都辛苦工作，可薪水并不多。可是，她没有一丝抱怨情绪。在她看来，这没有什么不公平，应该感谢微软给了自己工作的机会。

所以，她每天都快快乐乐地工作，即便是她刚刚拖过的地板被人不小心撒上污渍，她也会笑着说：“没有关系，这是我的工作。”她的积极努力就像一团火焰，感染了周围的每个人。很快，她成为微软里最受欢迎的人，没有人嫌弃她是一个清洁工。

比尔·盖茨知道她的事情后，忍不住问：“我很好奇，是什么让您能如此开心地面对每天的工作？”

“我没有什么学历和知识，却可以为世界上最伟大的企业工作，与一群如此优秀的同事共同工作，这本来就是一件值得开心的事情。而且，我能在工作闲暇时间跟大家学习计算机知识，一想到这些，就非常开心。我庆幸自己能在这里工作，也感谢您能给我这份工作。”

比尔·盖茨被女清洁工的感恩情绪深深打动。他动情地说：“我想，微软是最需要你这种员工的，我决定聘用您为微软的正式雇员，以后您可以像他们所有人一样坐在办公室里工作了。”

面对低微、辛苦的工作，女清洁工不是抱怨工作太累，抱怨企业不能给自己高薪水，而是永远怀着感恩的心，更加努力地工作。正因如此，她得到所有人的尊敬，也为自己迎来更好的工作机会。更重要的是，她为自己赢得了幸福快乐的生活。

所以，远离抱怨情绪吧！学会用感恩代替抱怨，当你努力让自己积极乐观起来，理解并接受生活所赋予的一切，内心便可以源源不断地产生动力，距离成就一番事业自然就不远了。

7.得意之时莫张狂，失意之时莫彷徨

俗话说“三起三落是人生”，人生有太多的意外，亦有太多的不可知。有时我们会成功，获得荣耀，有时还可能会失败，遭受耻辱。当然，成功时得意，失败时失意，在所难免。但若是让得意或是失意主宰自己，失去本心、本性，人生就注定一场悲剧。

如果被一时的得意冲昏头脑，被各种荣誉、鲜花和掌声包围，心就会浮躁起来，激动起来，变得飘飘然，甚至忘了自己是谁，自以为是，目中无人，恶念和恶行趁隙而入，就可能离失败不远了。

同样，若是被一时失意困扰，陷入痛苦的情感之中无法自拔，只能让自己成为彻底的输家。更关键的是，失意始终困扰心头，就会对自己和生活失去自信，越来越焦躁彷徨，甚至精神崩溃，彻底陷入失败的深渊。

生活中，很多人虽然懂得这个道理，却始终无法控制自己，时常因为一点成绩就得意洋洋，以至于忘了形、狂了心。

艾米丽是一所名牌大学中文系的毕业生，文采出众，在校期间多次在杂志期刊上发表文章。后来，她顺利谋得在一家报社的工作，因为能力强、有才华，得到总编和上司的青睐。

随之而来的是，艾米丽开始得意自傲起来，总认为自己高人一等，看不起与自己一同来的同事。当别人的工作出现问题时，艾米丽总会用夸张的语气说：“不会吧，一篇社会新闻都写不好？”

当别人指出她的方案有问题时，她总是不服气地反驳："怎么可能？我这个方案根本没有问题，难道你们还能提出比我更好的方案吗？"

日子一久，谁都不愿意和艾米丽一起工作了。艾米丽也意识到自己的孤立状态，可她认为问题不在自己身上，是同事太嫉妒自己的才能，才会尽量远离她。几年下来，眼看身边的同事一个个升了职，只有自己还是当初进入报社时的职位，艾米丽不明白，为什么明明自己能力出众，却始终得不到总编的器重呢？

艾米丽自以为才高八斗，无人可比，可是，因为太过得意忘形，对同事总是带着轻蔑的态度，自然被众人所孤立。领导明白，无法与同事和睦相处的艾米丽，即使才华再高，也无法给她升职，让她管理别人，否则只会造成更多的矛盾。所以，总编只能让她在原本的职位上发挥才能，而不是给她升职、加薪。

所以，得意之时的张狂并不能给我们带来好的结果，这是情商低、没修养的体现。情商高的人，低调谦虚，即便才华再高、成绩再好，也不会得意忘形，更不会处处看不起别人。试想，如果艾米丽能保持沉稳、克制，不张扬、不自傲，以她的才能一定会大有作为。

得意张狂是阻碍我们成功的一大绊脚石，失意彷徨、沉沦无疑会将我们推向失败的深渊。

丁健在一家公司做销售员，由于工作非常努力，人也很有上进心，很受同事的尊敬和老板的信任。后来，老板决定提拔一位员工作为销售部门主管，大家都觉得丁健最有机会。丁健开始还谦虚地说自己经验不足，不一定能被提拔。可后来，在大家的恭维下，他也觉得自己势在必得，每天办公、开会，忙进忙出，难掩骄傲的神色。

没想到的是，被提拔的人不是丁健，而是另外一位不如他的同事，而他被调到市场部做专员。丁健不明白为什么自己会落选，更不明白老板为什么给自己调换部门。这使他难以承受，没有了工作积极性，甚至还时常抱怨老板。更重要的是，他觉得自己在同事面前抬不起头来，觉得丢尽脸面，日渐消沉，连连犯错。

过了一段时间，他向老板提出辞职，离开了这家公司。其实，丁健不知道的是，老板是器重他，调他去市场部只是为了锻炼他，好让他做市场部主管。可是，老板见他受不住一点打击，看见没升职便消极怠慢、抱怨连连，便觉得他不适合做领导。所以，在他提出辞职的时候，老板并没有挽留，更没有告诉他实情。

是啊！一个人不能用平常心应对人生中的起伏，遇到失意就自怨自艾、自暴自弃，怎能担当大任，有所成就呢？

人总有处在低谷的时候，只有平心静气，做自己应该做的事情，认真反思自己的缺点，提升技能，随时准备再次华丽地回归舞台，才是最好的选择。只有心态平和，不垂头丧气，不彷徨沉沦，才能获得成功。

“宠辱不惊，闲看庭前花开花落；去留无意，漫随天外云卷云舒。”正如《菜根谭》所说，这才是一个人高情商的体现。

总之，得意之时莫张狂，失意之时莫彷徨。只有正确看待得意和失意，控制自己的情绪，战胜自我，才能成就美好的人生。

8.你可以反击别人的羞辱，但不能失了理智

有这样一个寓言故事：

池塘边，一只青蛙迎着初升的太阳，“呱呱呱”地唱起歌来。

这时在水边休息的水牛以及前来汲水的孔雀，都被它欢快的叫声吸引了。

水牛非常嫉妒青蛙愉快的歌声，于是讥笑嘲讽道：“亲爱的青蛙兄弟，你唱得再动听，也不会变成青蛙王子。”青蛙听了水牛的话，没有生气，也没有应声。

孔雀也来凑热闹，和水牛一搭一唱地挖苦青蛙：“水牛大哥，你知道青蛙小时候是什么模样吗？”孔雀早就在心里恨透了这只青蛙，不明白它为什么总是那么快乐，每天从早到晚地唱个不停，而且，它那难听的歌声居然还能受到人们的喜欢。

水牛立即响应孔雀，说：“哦，是漂亮的孔雀小姐呀。我当然知道它小时候是什么模样，是一条黑不溜秋的、丑陋不堪的小蝌蚪！那么小，我一脚下去，就能踩死好几只呢。”

“小时候丑陋不堪也就罢了，你看他现在这个样子，虽说尾巴倒是没有了，可又长出四条腿，还挺着一个大肚子，十足的一个怪物！”

“比怪物还惨吧，简直是基因变异。”

……

就这样，水牛和孔雀一唱一和地嘲讽、侮辱青蛙，他们以为青

蛙肯定气死了，没脸再唱下去。

可是，令他们没想到的是，青蛙始终平静地听着，一言不发，直到孔雀和水牛说得口干舌燥，青蛙还是保持沉默。最后，水牛和孔雀只能没趣地走了。

等他们离开后，青蛙再次“呱呱呱”地唱起欢快的歌，心情一点都没有受影响。再看水牛和孔雀呢？他们听到青蛙的叫声，气得直跺脚，却没有任何办法。

为什么青蛙获得胜利，水牛和孔雀只能气急败坏地跺脚？就是因为，青蛙有强大的自控能力。面对别人的羞辱和挖苦，他没有生气，更没有反驳，而是任由他们去说。他理智地对待这一切，保证心情不受影响，所以赢得了最后的胜利。

由此可见，面对羞辱，失去理智，怒发冲冠，只会给你带来不良影响，让对方有机可乘。所以，最好的办法就是，增强自控能力，尽量让自己冷静下来。

人都是有尊严的，最受不了别人对自己的羞辱。我们要知道，你越是生气，失去理智，对方就越高兴，得意洋洋。如果你因为一点羞辱就勃然大怒，恰恰会让羞辱你的人占上风，引起其他人的注意。这就是他们讽刺、侮辱我们的目的。

所以，不管这种自制有多困难，你都应该努力约束自己，因为一旦失去理智，在冲动之下做决定，就有可能酿成千古恨，而你的失控除了让你输得更惨以外，不会带来任何益处。更何况，一两句讥笑并不能让你有所损失，让你颜面扫光的往往是面对羞辱时的无法控制和歇斯底里。

事实上，那些情商高者在面对嘲笑或辱骂时，往往装作没听见，他们的战术就是：保持沉默，连解释都是不必要的。

一次记者会上，一名丧失理智的记者突然站起来，将手中的两只靴子狠狠地向乔治·沃克·布什扔去。

在这样的公众场合，这无疑是对布什的侮辱和挑衅。如果他做出不适当的举动，恐怕会使场面更加尴尬，让自己丢尽脸面。这时候，布什是如何处理的呢？

他面带微笑，从容又淡定地说："这就像有人在政治集会上叫嚣一样，想引人注意，我没受影响。他掷中我又如何？真相是，那是一只10号鞋，多谢关心。"这样的幽默，不仅为自己解了围，还安抚了现场人员的情绪。

布什总统面对羞辱时没有出言反击，也没有落荒而逃，而是落落大方地以三两句话为自己解了围，实在令人敬佩。最终，他的形象不但没有受损，他的临场反应和对答还赢得了人们的尊重。

所以，面对别人的侮辱，你是丢人还是保持尊严，完全在于你是否能够自控。不要因为一句羞辱的话而失去理智，不要觉得自己很委屈，也不要急于挽回面子；学会冷静，积极地想出应对策略。如此一来，你才能获得最后的胜利，避免让自己陷入困境。

第五章 DIWUZHANG 自愈力：生活本身很痛苦，但不妨碍我们热爱它

人生不如意之事十有八九，大部分人的一生都不是一帆风顺的，或遭遇种种困难、挫折、失败、打击等，情商低的人总是抱怨，致使生活一团糟。而情商高的人无论遇到何等逆境，都能依靠自愈力迅速恢复活力，保持愉快乐观的精神、饱满的生活热忱，进而扭转命运。

1.坦然接受最不喜欢的事情

每个人都喜欢做喜欢的事情，不喜欢做不喜欢的事情。可生活并不是你说了算，尽管有些事情你不喜欢，却又不得不做。就像你不喜欢与人打招呼，却不得不热情地与客户、老板沟通；你不喜欢困难、挫折，却又不得不面对、战胜它们。如果你遂了自己愿，不做这些不喜欢的事情，就可能寸步难行。

现实有时很残酷、很无情，有时又会很无奈，这就是真实的世界。不管你喜欢还是不喜欢，很多事情终究要面对！我们只有勇敢地面对它，做那些不喜欢的事情，把不擅长的事情变为擅长的，才能真正得到成长的机会，活出生活原本的滋味。

美国著名小说家布思·塔金顿年轻时曾蒙眼体验过一次盲人生活，事后直呼“受不了，太可怕了”，并断言“我可以忍受一切变故，除了失明，我绝不可能忍受失明”。命运偏偏这么爱捉弄人，让他经历了最不喜欢、最难以忍受的事情——当他60多岁时，他的眼睛看不见了。

有一天，塔金顿正在低头扫视房间地面上的地毯，突然发现自己看不清地毯的颜色和图案。经过检查，医生告诉他：他的视力正在减退，其中一只已近失明，另一只也快了。

塔金顿最恐惧的事发生了，家人都以为他无法接受这个事实，会沮丧，会抱怨，甚至自暴自弃。但塔金顿的反应却很平静，反而宽慰家人说："虽然我不喜欢发生这样的事情，但也知道自己无法逃避，所以唯一能减轻痛苦的办法，就是说服自己接受它。"

接下来，塔金顿不仅坦然地接受事实，还积极努力地改变事实。为了恢复视力，塔金顿在一年之内做了12次手术。令人尊敬的是，他不仅让自己保持客观的态度，努力适应这样的生活，还时常鼓励病友振作起来。眼球里有黑斑浮动，会挡住塔金顿的视线，当有人问他是否感到不便时，他幽默地回应说："当它们晃过我的视野时，我会说：'嗨！天气这么好，你要到哪儿去！'"

结果，奇迹发生了，他的视力居然恢复了。在谈及自己的那段经历时，塔金顿感慨道："即便我的眼睛失明了，我还可以靠思想生活，有终生追求的理想，有爱我和我爱着的人……这件事教会我如何忍受，而且，使我了解到生命所能带给我的，没有一样是我能力所不及而不能忍受的。"

塔金顿曾经最受不了失明，甚至说认为自己除了失明，什么都能忍受，命运却和他开了一个玩笑！面对这样的情况，他没有逃避和抱怨，而是积极地面对不喜欢的事情，接受它、战胜它。正因如此，他的生活才没有变得灰暗，人生才没有陷入绝望，最终获得意想不到的收获。

每个人都无法避免面对最不喜欢的事情，但这并不重要，重要的是你的选择：是选择软弱地屈服环境，绝望地等待世界对你的裁决，还是豁达地面对不如意，用行动改变自己。显然，选择不同，结果截然不同。

坦然接受这真实的一切，不逃避不抱怨，才是最好的选择。你或许能逃避一时，却不能逃避一世。你的抱怨或许可以解一时之气，但一点实际用处也没有，丝毫改变不了目前的境遇，只会徒然增加自己的烦恼罢了。更何况，世界上并不只有你一个人，地球也不只是为你而转，不可能所有的事情都按照你的意愿发展。

事实上，那些情商高的人并非一帆风顺，他们也会遇到不喜欢的事情，遇到这样那样的烦恼，可是，这些不会影响他们做那些所谓“不喜欢的事情”，不妨碍他们热爱生活。情商高的人有超强的自愈能力，他们能够坦然接受真实的、不可逃避的一切，然后勇敢改变自己，战胜那些烦恼和困难。

而情商低的人，则让自己陷入悲观的情绪，轻则心情郁闷，灰心丧气，重则整天怨天尤人，愤世嫉俗。

所以，提升自己的情商和自愈能力，坦然地接受生命中的一切，不管它是你喜欢的还是不喜欢的。只要你做出改变，勇敢面对，便可以心想事成。

浩然在一家人寿保险公司上班，想要做出一番成绩。可说服客户并不是容易的事情，虽然浩然很努力、很勤奋，可好几个月都没什么业绩，自然也没有什么薪水。老板不仅每月只象征性地给他几百元，还总是阴沉着脸斥责他。

浩然觉得委屈极了，之后对工作也敷衍了事，还抱怨连连地对朋友说：“业务不好也不怨我，我到公司都一年了，苛刻的老板连工资都不给我涨。改天，我要对他拍桌子，然后辞职不干。”

听了这话，这位朋友反问浩然：“你把保险业务都弄清楚了吗？”

“没有”，浩然回答，“工资那么少，我为什么要做那么多？”

“要我说，你应该把业务完全弄明白，做出一番业绩，然后再一走了之，这样才不会被老板看不起！”朋友说道。

听了朋友的话，浩然果然来了精神，心想：“我就是要走，也应该做出一番成绩，不能被老板看不起！”接下来，他一改往日的散漫作风，开始努力认真工作，不仅认真学习保险业务，还开始研究如何推销保险的方法。怎么样做才能让人们愿意接受保险业务员呢？

为了让人们更了解保险，浩然在社区里举办了一场“保险小常识”讲座，免费为居民讲解保险常识。结果，浩然受到很多人的喜欢，业绩突飞猛进，薪水也跟着翻倍。

浩然的待遇为何发生了改变？是他所在的公司不一样了吗？是他的老板换人了吗？不是！公司是同一家，老板也没有变，是浩然自己发生了改变。他的态度变得积极认真，情商得到提升。

浩然知道自己面对的是不喜欢的环境和有困难的工作，任何反抗和逃避都是徒劳的，唯一、最好的办法就是敢于承担，勇敢面对。只有坦然接受自己不喜欢的事情，努力让自己战胜它，才能真正成长。所以，浩然接受了老板的苛刻，接受了工作难题，工作态度变得主动热情，因此，他的能力日益提高，老板自然对他刮目相看，给他涨了薪水。

做喜欢的事情，确实让我们内心愉悦，舒服自在。但做不喜欢的事情，才能让我们收获更多。这不是违背我们的意愿，而是一种自我意识的战胜、自我说服的成功。

所以，当我们说服自己并喜欢做曾经不喜欢的事情，战胜内心无法忍受的苦痛和挫折，心灵就会变得更加成熟，情商得到很大提升，从而迎接更好的结果。

2.换个角度看，伤害不只是苦难

一位哲人说：“一个人要享受生活，也要承受痛苦，这才是生活的完美和有价值的人生。”每个人必然要经历很多，有快乐、健康、爱情、成功，也有痛苦、疾病、挫折、伤痕。

虽然前者让我们快乐，让我们的人生绚烂无比，但后者更能让我们成长，更加真切地体会生命。所以，我们需要换个角度看待生命中的痛苦、疾病、挫折，努力让生活变得快乐起来。如此一来，我们才能治愈自己的伤痛，变得更强大，迎接美好的明天。

一位3岁的小男孩儿因患有先天性心脏病，动过一次手术，胸前留下一道深长的伤口。一天，孩子换衣服时，从镜中看见自己的疤痕，竟然伤心地大哭起来。

“我身上的伤口这么长，永远不会好了。”孩子一边哭泣，一边说道。

孩子的敏感、早熟，令妈妈惊讶，更让她心疼。可是她知道，自己必须正确地引导孩子，让她知道，这个伤疤并不算什么，不仅仅代表苦难，更代表一种经历、成长。

这位年轻的妈妈心酸之余，解开自己的衣服，露出当年剖腹产留下的刀口给孩子看。然后，她温柔地对孩子说：“你看，妈妈身上也有一道这么长的伤口。”她一边说，一边拉着孩子的小手，让他轻轻地抚摸自己的伤疤。

她继续说："以前你在妈妈肚子里的时候生病了，没有力气出来，幸好医生把妈妈的肚子切开，把你救了出来，不然你就会死在妈妈的肚子里。妈妈一辈子都感谢这道伤口呢！同样，你也要谢谢自己的伤口，不然你的小心脏也会死掉，就见不到妈妈了。"

感谢伤口！孩子听到这四个字停止了哭泣。他对这句话似懂非懂，却知道就是因为有这个伤疤，妈妈才能生下自己，自己才能健康成长。之后，孩子不仅不再为伤疤伤心，反而因此而骄傲。

这位年轻的妈妈情商非常高，善于教育和引导孩子。相信有了她的教育，这个孩子定能自信乐观，勇敢面对生活的不幸、痛苦。

事实确实如此。生活总是有不顺心的时候，会给我们留下大大小小的伤痕，让我们痛苦，羞于见人。可是，这不正是我们的经历吗？伤痕也好，痛苦也罢，都是我们生命中必须经历的。我们需要在负重中前行，障碍中奋进。

关键在于，我们是否能够在痛苦时给自己一些温暖，失败时多给自己一些激励，是否能够让自己微笑着面对生命里的伤痕，支撑自己顺利地走下去。这是因为，我们对于伤疤的态度影响我们未来的方向，我们心情的颜色会影响世界的颜色。

真正情商高的人，无论走到哪里，都对生活抱有一种乐达的态度，不只是看到往日的伤痕，更可以看到美好的未来；不是沉浸在伤痛里，而是努力让自己的心灵轻快些，精神轻盈些。情商低的人，则喜欢和自己过不去，只看到生活中不完美的一面，稍不如意便自怨自艾。

一位年轻人，有一段时间工作屡遭挫折，加上在外独居，生活寂寞无依，更加重了他情绪的沮丧、消沉。但生性自傲的他不愿示弱，便企图用光鲜的外表、强悍的言语加以抵御。隐忍内伤的结果，终至溃烂、化脓，直至发觉自己已经开始依赖酒精逃避现状。为了不致一败涂地，他才决定举刀割除这颓败的生活，辞职搬回父母家。

如今伤势虽未恶化，但这次失败的经历却像一道丑陋的疤痕，刻划在胸口。认输、撤退的感觉日复一日强烈，自责最后演变为自卑，使他彻底怀疑自己的能力。

好长一段时日，他蛰居家中，对未来裹足不前，迟迟不敢起步出发。

可以想象，若是这位年轻人不能正确地看待失败和伤痛，他就只能彻底沉沦，成为一个彻底的失败者。若是他能够懂得从另一面看待失败，有勇气承认，重新来过，并且时时警惕自己，便可以迎来不一样的人生。

所以，每个人都可能遭遇伤痛，留下伤疤。身上的伤疤容易清除，心中的伤疤却难以清除。若是不清除内心的伤疤，时常因为它而哭泣、抱怨，只能被生活打击得一败涂地。

人生就是一种承受，一种压力。我们究竟是幸运还是不幸，关键在于对于生活的认识，对于伤痛的看法。事实上，我们身边大部分终日苦恼的人，或者说我们本人，实际上并不是遭受了多大的不幸，而是内心存在某种缺陷，对生活的认识存在偏差。因为无法正视曾经的伤痛、失败，无法乐观地看待人生，所以我们才沦为不幸者。

保持睿智与豁达的人生态度，换个角度看待生活吧！

3.活在当下，充实每一个“今天”

戴尔·卡耐基是美国著名的教育家，他的作品影响了全世界数以万计的人。在《人性的弱点》一书中，他给那些生活在苦恼的人们制订了一份计划。这份计划的重点就是：充实每一个“今天”：

今天，我要用行动来提升我的心灵。我要学习，不让心灵空虚。我要阅读有益身心的书籍，提高我的修养。

今天，我要做三件事：默默地为某个人做一件好事，做一件我以前不愿做的事、一件不敢做的事。做这些事的目的，只是为了锻炼我的勇气和勤勉，让我不致懈怠。

今天，我要让自己看起来更美丽，穿着得体，举止大方，谈吐优雅。我要多予赞赏，少做批评，不让自己抱怨，不去挑任何人的毛病。

今天，我要全心全意地过好这一天，不去想我整个人生。一天工作12小时固然很好，可如果想到一辈子都要这样度过，我自己都会觉得恐怖。

今天，我要制订计划。我要计划每小时要做的事。可能不会完全按照计划实现，但我还是要计划，为的是避免仓促和犹豫不决。

今天，我要给自己留半个小时的时间静息片刻，让自己思考一下人生。

今天，我要很开心。只有现在，才能给我带来无尽的幸福和快乐。

……

天地万物，自然轮回，我们生活在这样一个空间内，每个瞬间、每个当下都将是不可逆转的永恒。所以，把注意力聚焦在我们的感官、我们的心灵，当下的味道自然呈现，生命的喜悦自然浮现。

生命从降生的那一天就开始了一场不能抗拒的前行，这个过程不以我们的意志为转移。此时此刻，我们不是为过去而活，也不是为未来而活，因为生命的意义由唯一的此时此刻构成。

可惜，现实生活中，不少人却不懂得这个道理，总是一味地憧憬未来更美好的东西，或者一味地留恋或抱怨过去的事情，而忽视我们当前所拥有的此时此刻，如此，我们的心便处于浮躁的状态，难以真正平静下来，更难以过得真实，找到属于自己的快乐和幸福。

著名作家斯宾塞·约翰逊写过一本名为《礼物》的书。

有一个孩子问一位充满智慧的老人：“世界上有最珍贵的礼物吗？”老人回答道：“有！世界上最珍贵的礼物，可以让人生获得更多的快乐和成功，可这个礼物只有依靠自己的力量才能找到。”

于是，这个孩子从童年到青年，走遍千山万水，用尽所有办法四处找寻这个最珍贵的礼物。可是他越拼命寻找，越感到生活得不快乐，而他生命中那个最珍贵的礼物，自始至终都没有出现。

到后来，气急败坏、心生绝望的年轻人决定放弃，不再没有目的地追寻世界上最珍贵的礼物了。此时他赫然发现，苦苦寻找的东西原来一直在自己身边，就是“此刻”。

逝者不可追，来者犹可待。即使你每天祈祷一百遍，也不可能回到从前，或者提前到达以后。生命正以令人难以置信的速度飞快地溜走，我们生活在完全独立的今天里，今天才是最值得我们珍视的唯一时间。

活在当下，情商高才是王道。情商高的人，能够正确地认识自我，把握现在，体会生命的喜悦，抵达和成就未来。情商低的人，则一味地留恋或抱怨过去，甚至为了未来而担忧，为了没有发生的事情忧心忡忡。他们容易患得患失，让自己陷入不安、怀疑、恐惧之中。

事实上，过去已经过去，未来还没有到来，再多的抱怨和担忧都是没有意义的，只是空增烦恼罢了。唯有握在手里的当下，活在当下，才能利用最重要、最宝贵的时间做自己喜欢的事情，实现自己的价值。

活在当下，不是“今朝有酒今朝醉，不管明日有忧愁”，而是以未来为导向，以过去为借鉴，活在过程中。现在连接过去和未来，活在当下，抓住生命中的此时此刻，才能够把握好现在，体会生命的喜悦，抵达和成就未来。

莉娜今年已经60多岁了，最近她身心备受打击，倒霉的事情接踵而至，丈夫刚去世不久，儿子又坠机身亡。一连串的打击让她的心都碎了，她不知道今后的路自己能否坚持走下去，整日郁郁寡欢。

一段时间后，为了生存下去，莉娜打算重新到外面找一份工作，但当这个念头冒出来的时候，她自己都震惊了：我已经60多岁了！谁会给一个老妇人提供工作的机会呢？即便有人愿意，一个60

多岁的老妇人能干些什么呢？

她不停地担心别人嫌她老，嫌她动作迟缓，担心自己无法承受工作强度……这一系列的担心更让她怀念过去，怀念丈夫在世的岁月，由怀念而生悲痛，重新陷入丧夫的阴影不能自拔，结果病倒了。

了解到莉娜的病情和生活情况后，主治医生对莉娜说："你的病情太严重了，需要长期住院治疗，但是你又没钱……我看这样，从现在开始，你可以在本院做零工，每天打扫病人的房间，以赚取你的医疗费用。"

反正没有比这更好的活法了，而且，就目前她经济窘迫的情况来说，自己似乎根本别无选择。于是，莉娜开始手握扫帚，每天不停地在医院里忙碌。慢慢地，她不再担心什么，内心也恢复了平静，因为她实在太忙碌了。

寂寞、担忧被驱除，莉娜的身体也好了起来。三年时间里，由于经常接触病人，莉娜对病人的心理了如指掌，后被院方聘为陪护。贫穷开始向她挥手告别，她觉得自己新的人生要开始了。

如今，71岁的莉娜已经成了该医院的心理咨询师。她办公室的墙上有这么一句话："过去已经过去，明天尚未到来。只要肯用行动充实生命中的每一个'今天'，勇敢向前，机会就在柳暗花明间。"

为什么莉娜重新找到了快乐，在70岁又开始了新的、美好的人生？

很简单，她明白了一个道理：昨天的痛，已经承受过了，放下才是最好的选择。人只有不让自己陷入痛苦之中无法自拔，过好现在，享受生活，才能迎接美好的明天。既然莉娜已经明白这个道理，为什么我们却依然执迷不悟呢？

生活的美好，个人的成就，都取决于我们是否活在当下，珍惜现在。这是因为，无论未来会怎样，抑或过去曾经怎样，结果都是相同的——我们因为没有关注当下而错失了最真实、最美好的现在。

珍惜现在已经有的吧！春天美丽的花、夏日凉爽的轻风、秋天丰硕的果实、冬日和煦的阳光，那得之不易的机会，那美好的幸福时光，那大好的青春年华……

好好珍惜现在我们拥有的一切，不要让它成为将来的遗憾，充分地享受每一个真实刹那，人生就是充实而完美的。

4.分享是一种智慧，更是一种快乐

有两个年轻的探险家到沙漠探险，他们带足食物和水，走进沙漠。可是，沙漠的环境实在是太恶劣了。随着时间一天天过去，食物和水不断减少，他们越来越难以支撑，只能选择原路返回。

两人只能互相扶持，互相鼓励，在沙漠里艰难前进。不幸的是，他们迷路了，十多天过去了，仍然没有走出沙漠，并且只剩下一袋面包和一瓶水。

面对不知道哪一天才能走出去的茫茫沙漠，再看看仅有的面包和水，两个人狭小的气量暴露出来。他们决定吃掉这些东西补充体力，做最后的冲刺。谁都想活命，都想获得更多东西，于是，他们开始争夺，结果一个人抢到面包，另一个人抢到水。两人谁也不肯给对方分享一点，最后抢到水的饿死了，抢到面包的渴死了。

无独有偶。又有两人去那个沙漠探险，最后也迷路了，只剩下一袋面包和一瓶水。面对同样的选择题，这两个人选择了共享面包和水，结果不仅成功走出沙漠，还成为患难之交，获得了幸福。

情商低且气量狭小的两个人，不但没有走出沙漠，而且葬身于沙漠。因自私而放弃生命，这是对生命的一种亵渎。情商高而又气量宽宏的两个人，在困境面前彼此支持，互相分享，是对彼此的尊重，更是对生命的重视。他们尊重了生命，最终得以成功脱离困境，挽救自己。

困境面前，仍旧选择分享的人，才是真正无私、情商高的人。或许在人们看来，他们是愚蠢的，做了“赔本”买卖，但实际上他们是最聪明的，赢得的东西比付出的要多得多。

这些无私的人，不仅通过分享脱离困境，获得新生，最重要的是，他们赢得了别人对自己的敬仰，赢得了朋友的尊重，而这些是用金钱买不来，也换不来的。

分享是对别人的一种尊重，更是对自我欲望、自私人性的挑战。懂得分享之人，必定气度宽广，可以不计较一时得失，不会将自己的所有东西紧紧攥在手里，而乐于与人分享。

只有在分享的过程中，我们才能享受友爱和真诚的快乐，找到幸福的真谛。然而，并非所有的人都懂得分享，也并非所有的人都有这样的宽广气度和无私之心。

分享是一种快乐，是一种自我满足的快乐。想象一下，你遇到了非常高兴的事情，或激动人心的时刻，然后把这种感觉分享给别人，让所有人为你高兴、喝彩，这是多么的快乐和幸福。若是无法分享，即便你再高兴、再兴奋，也是一个人的狂欢，又有什么意义呢？

那么，为什么还有人不愿意分享呢？

这完全源于一个人内心的自私和欲望。很多人之所以不愿意分享，是因为他们气量狭小，总觉得和别人分享幸福就是吃了亏，所以吝啬地“保护”自己的一切，甚至想要占有别人的东西。显然，这样的人情商非常低，心智异常不成熟，肯定不会赢得他人的喜欢，更无法享受到别人的尊重。

高情商的人就不同了，他们懂得这样一句话："把痛苦和别人分享，就等于别人和自己分担了一半痛苦，而自己则减少了一半痛苦；把快乐和别人分享，自己获得快乐的同时，别人也为你的快乐而快乐，那就等于获得了两份快乐。"

简单来说，情商低的人是自私的，只想着自己，以自我为中心。情商高的人则懂得想着别人，愿意用慈爱的心对待他人，与他人分享。虽然他们不一定是无私的，但绝对不自私自利。

事实上，凡是成功者、优秀者都懂得分享，善于分享。他们懂得只有把你的给我、我的给你，共同分享，互惠互利，才能共同进步，不仅成就辉煌的事业，还能赢得更多强大的伙伴。

当初，微软研发的视窗操作系统异常火爆，让微软大赚了一笔。可是，微软总裁比尔·盖茨非但没有"私藏"这项技术，反而还与所有硬件厂商和软件厂商分享了这一绝好商机。

现在，很多硬件厂商的产品都支持微软的所有操作系统和软件，所有软件厂商的产品也能在微软操作系统中运行，这就是微软的分享精神。正是因为这种分享，微软才能称霸全球操作系统市场。

比尔·盖茨是聪明者，他把火爆的操作系统与硬件厂商和软件厂商分享，才获得了同行的尊重，并且赢得称霸全球操作系统市场的大好机会。

试想，如果比尔·盖茨气量狭小，不懂得分享，只想着守住自己的优势，仅凭一己之力，微软能有今天的辉煌吗？答案肯定是否定的。如果他真的那样做，恐怕会成为众多人眼中的"吝啬鬼"，留不住优秀人才，抵抗不住竞争对手的压迫，当然，也不可能有今日的辉煌。

所以，提升自己的情商，修炼自己的心智，让自己的情商和心智都逐渐成熟起来。只有如此，我们才能懂得分享的智慧，让心胸和气度变得宽广起来，成为真正的人生赢家。

5.不苛求和为难自己，只做自己能做的事

有这样一句名言：“自然界喷泉的高度，永远不会超过它的源头。”这句话的意思是，每个人在做事的时候都会有自己的极限，即最大的承受能力。这个承受力是客观存在的，并不是我们想要超越就超越的。

面对无能为力、力所不及之事，最好的选择就是坦诚地面对现实，承认自己的不足，不苛求和为难自己。一旦明知不可为而强为之，时刻都想拓展自己的空间，突破极限，人生路上就会屡屡摔跤，庸庸碌碌。

事实上，有些人不懂得这个道理。就像寓言故事中的小动物一样，简直是愚蠢至极。

森林里，狮子王为了提高生存技能，应对种种挑战，建立了一所超级技能学校，培训动物奔跑、爬树、游泳和飞行。很快，第一批学员鸭子、兔子、松鼠及青蛙就进入学校，开始学习所有科目。

鸭子是森林里的游泳“健将”，飞行成绩也不错，可由于脚蹼太大，跑步成绩非常差，因此它主攻跑步，拼命地练习。但地面上的沙土太硬，鸭子的脚蹼因摩擦严重受伤，不仅跑得更慢，游泳成绩也大受影响。

兔子跑步速度顶呱呱，但身体笨拙，不擅长游泳，一跳入水里就沉入水底，两只小短腿根本来不及划水。结果，经过多次溺水，

它精神失常了。

松鼠很擅长爬树，可狮子王非要让它反复练习从地面飞到树上，结果松鼠腿部肌肉拉伤，连树也爬不上去了。

一学期结束时，居然只有青蛙获得毕业资格，因为它泳技高超，爬、跑都会一点点。

这个故事是不是很可笑？小动物是不是很愚蠢？

没错，这些动物是愚蠢的，它们明知道自己难以突破限制，却拼命地学习自己根本不可能学会的本领，结果只能弄得头破血流、伤痕累累，还无所作为。

令人悲伤的是，生活中很多人也偏偏做出这样的蠢事。比如，他明明是技术型员工，却一心想要做管理；明明没有艺术天赋，五音不全，却想成为音乐家；明明资质平庸，能力不够，却非要树立可望不可及的目标……

结果如何呢？不用想，这样的人即便付出再多的努力，也是白费。对于任何人来说，突破自己，努力实现更高的目标，都是应该的，只有如此，我们才能不断进步，实现自己的价值、梦想和目标。

但这并不意味我们可以忽视实际情况，只凭一股热情和拼劲就能获得想要的成功。忽视自己的能力，追求过高的目标，那就是苛求自己；忽视个人优势和劣势，非要突破身体极限，就是为难自己。苛求和为难自己，不仅无法让我们获得成功，还会让我们迷失自己，活得愈发不快乐。

正如英国大文豪威廉·莎士比亚所说：“一个人一生到底是悲剧还是喜剧，并不是由其年轻时的幸运或不幸运来决定的。重要的是，我们要有足够的理智，去找寻人生的真谛。”做自己能做的事情，并且尽自己最大的努力去做，这是突破；保持足够的理智，承认自己的能力有限，不做力所不能及的事情，这是最大的突破，是对自己认知的突破，更是对人生智慧的突破。

做自己能做的事，并不是放低要求，无所追求，而是一种理智的清醒，一种务实的智慧，一种人生的准确定位，一种成功的必由之路。只有认清自己，根据实际情况行动，我们才能充满信心，发挥出自己的最大价值。当我们成就最好的自己时，自然就更有能力和创造力，做事效率显著提高。

他是一个非常害羞的男孩，又有点口吃，为此父母给他报了阅读与口才的培训班。尽管他学得很认真、很努力，但在表达方面仍然不尽如人意，被老师评为最差学生，还经常受到同伴的嘲笑和捉弄。为此，他心里感到很失落，觉得自己肯定一无是处。

不过，通过一段时间的思考，他发现自己虽然学习不好，却有运动天赋。认清这点后，他减轻了自责，开始专注舞蹈、杂技、体操和跳水方面的锻炼。由于天赋和努力，他果然开始在各种体育比赛中崭露头角，获得同学们的尊重。

到了中学时期，他又有些力不从心，因为这些技能需要辛勤的付出，而他没有太多时间和精力做这么多事，导致所有项目的成绩都比较优秀，但距离出色还有一段距离。

他意识到了这一点，开始思考放弃其他项目，专攻一个项目。后来，在恩师乔恩——前奥运会跳水冠军的指点下，他认识到自己在跳水方面更有天赋，便开始接受跳水专业训练。经过长期的努力，他在跳水方面取得了傲人的成绩：16岁成为美国奥运会代表团成员，28岁时已获得6个世界冠军、3枚奥运会奖牌、3个世界杯和许多其他奖项；1987年，作为世界最佳运动员获得欧文斯奖——这是一个运动员获得的最高荣誉。

他就是美国著名跳水运动员——格里格·洛加尼斯。

洛加尼斯是聪明的，他不苛刻地要求自己，更不苛求自己追求难以完成的事情，反而尽可能地扬长避短，有所为有所不为，最终赢得成功的人生。难道这不是最好的成功吗？难道这不是一种最大的快乐吗？

不管任何时候，喷泉的高度永远不可能超过它的源头，人的能力也不可能超过他的极限。既然这样，我们为什么非要和自己过不去呢？与其刻意追求那些难以企及的目标，费力做那些力所不能及的事情，不如尊重自己，承认自己的能力和局限，只做自己能做的事。

正如罗曼·罗兰在其著作《约翰·克利斯朵夫》中所说：“如果不行，如果你是弱者，如果你不成功，你还是应该快乐。因为那表示你不能再进一步，干嘛要抱更多的希望呢？干嘛为了你做不到的事悲伤呢？一个人应当做他能做的事，竭尽所能。”

没错，做事之前先评估自己，认识和了解自己的优势，然后尽最大努力做自己能做的事情，如此才能更容易成功，并将自己的价值和潜能发挥到极致。

6.远离偏见，成为理智的思考者

心理学家做过这样一个著名的测试，要求人们选举心中最出色的领袖人物，并且列出三位候选人的情况：

候选人A：他有婚外情，是一个老烟枪，每天喝8～10杯的马丁尼。他时常和一些不诚实的政客有往来，而且迷恋占星学。

候选人B：他两次被老板解雇，睡觉睡到中午才起来，大学时吸过鸦片，每天傍晚会喝一大杯威士忌。

候选人C：他机智勇敢，英俊潇洒，慷慨大方，热心公益。他爱笑，不抽烟，身边总有一群朋友围着他。

如果是你，你会在这三个候选人中选择谁？

相信绝大部分人会选择C。理由很简单，候选人A跟不诚实的政客往来，有婚外情，又是烟鬼、酒鬼，这表明他的私生活混乱；候选人B两次被解雇，爱睡懒觉，很有可能说明他能力不足；候选人C身上具有很多优秀品质，且受朋友欢迎，人缘好。

但当你知道，这三名候选人分别是富兰克林·罗斯福、温斯顿·丘吉尔和意大利最著名的强盗罗宾汉时，你是不是感到异常惊讶？为什么会出现这样的情况？就是因为人存在偏见。

偏见之所以产生，就是因为我们的认识能力有限，知识水平也有限，很难保证对任何事物的看法都符合实际情况。更重要的是，我们太“唯心”了，总是主观臆断看待问题，或是以人论事、以偏概全。

比如，我们受到“为富不仁”的影响，便认为富人都是唯利是图的，没有任何仁爱之心；不喜欢某个人，就认为这个人糟糕透了，即便他做出再好的事情，也认定他心怀叵测……

可以说，偏见可谓人生的天敌，比无知还要可怕。一旦我们心存偏见，便不能心平气和地面对眼前的人和事，甚至失去理智。于是，我们很可能走进这样一个怪圈：越偏见越不理智，然后更加偏见。

事实上，心怀偏见的人，都很难有较高的情商，他们习惯主观臆断，容易受情绪影响，难以理智地看待问题。试想，一个人不理智、不思考，又怎能有较高的情商，平和地处理事情呢?

车水马龙的十字路口，一个年轻的小伙子正驾驶一辆高级轿车等红灯，当绿灯亮时，小伙踩下油门。突然，一位骑自行车的大叔抢红灯，与轿车发生擦挂，汽车的保险杠撞上自行车的脚蹬子。小伙子看到大叔没什么大碍，自行车只是脚蹬子坏了，觉得又不是自己的责任，便没有在意，想要开车离开。

大叔虽没被撞着，但却被吓了一跳。他见小伙子要离开，一把抓住车门，大声喊道：“你撞了人就想跑？别跑！下车！”

小伙子见大叔如此说，也不示弱，立即反驳道：“明明是你闯红灯！我是正常行驶，你难道要碰瓷儿？”

“谁碰瓷儿了？你把话说清楚，”大叔听小伙儿冤枉自己，生气地说：“不要以为你有钱就多了不起，冤枉人！”

很快，争吵声引来很多围观者，由于大家都忙着赶路，并没有留意事件是怎么发生的。此刻只见骑自行车的大叔一脸怒气地抓着车门，有人开始窃窃私语：“瞧这气势，这是碰瓷儿吧！”“这个小伙子可倒霉了！”……大叔一听这话就急了，立即反驳说：“我可没有碰瓷儿，你们哪只眼睛看见我碰瓷儿了。明明是他撞了我，还想要逃跑。”

坐在轿车里的小伙子原本一脸平静，在他看来，闯红灯的行为本身就不对，自己没有错，离开有什么不对呢？可大家听了大叔的话，又看这小伙子不仅不下车解决问题，还一副事不关己的样子，便开始声讨起小伙子来。“撞了人还这么不屑，真是为富不仁”“小小年纪就开好车，说不定挣的是黑心钱呢”……

这下小伙子也不淡定了，急忙下车和大家争论起来。就这样，整个场面一下子混乱起来，争吵声此起彼伏。直到警察赶来，问明情况，把双方教育一顿，重新畅通交通，人们才意犹未尽地散去。

一起再小不过的事件，为什么会引起这样大的影响，甚至险些演变成一场灾祸？究其原因，就是人们心中存有偏见。穷人觉得富人傲慢无礼，富人觉得穷人寒酸计较；小伙子觉得大叔贪财，想通过碰瓷儿讹诈自己的钱，大叔则觉得小伙子为富不仁，撞了人却想要跑路。

这样的偏见也影响了围观的人，使得人们不能客观地看待问题，说出火上浇油的话语。事实上，若是人们能摒除偏见，心平气和地沟通，问题就会迎刃而解。

偏见非常可怕，它不仅左右我们的思想，还影响我们的行为。所以，我们应该让自己变成理智的思考者，遇到事情多思考，理智客观地看待问题，心平气和地讨论问题，而不是任凭情绪和主观臆断的驱使。

当我们远离偏见，成为更理智的思考者，也会变得更平和、更睿智，更容易获得成功。

7.幸福没有固定的模式，关键在于你内心的选择

每个人都向往幸福的生活，对幸福的定义也有所不同。有人认为，幸福就是衣食无忧、安逸平静的生活；有人认为，幸福就是可以实现自己的梦想，获得成功；还有人认为，幸福就是能拥有甜蜜的爱情，能够有个人为自己分担烦恼，分享快乐……

幸福是一种感觉，是一种自我满足、自我快乐的感觉。可以说，只要我们内心是快乐的、满足的，我们就是幸福的。换一句话说，幸福没有固定的模式，只要选择适合自己的生活方式，爱着自己，快乐生活，就找到了属于自己的幸福。

可是很多人不懂得这个道理，他们总是认为只有生活富有，有钱有名、有车有房，才是真正的幸福，甚至认为过着苦日子是根本无法得到幸福的。艾米就是这样认为的。

艾米和方娜娜是同事，两人是职场精英，却也是30岁了还单身的“大龄剩女”。两人平时关系不错，可择偶标准却有很大差别，对于幸福生活的定义也多有不同。

方娜娜只图两情相悦，想要找个相知相恋的爱人。父母和亲戚朋友时常给她介绍相亲对象，其中不乏一些青年才俊和富家子弟。但方娜娜觉得没有一个合眼缘的，便都拒绝了。

后来，一次偶然的机会，她遇到了意中人，两人兴趣爱好非常相投，方娜娜认定他就是自己今生的伴侣。不过，这个年轻人只是

个普通员工，虽然有才华、长相，却没有家世。

而艾米却不同了。她时常说："我觉得婚姻就是女人命运的转折点，嫁得好以后就轻松了。我想要找有事业、有财富的男人，这样之后的生活才会无忧无虑，幸福美满。"其实，艾米有这样的想法也是有原因的。她从小家境不好，一直都把婚姻当成改变命运的机会。在艾米心里，只要能够摆脱贫穷，过上衣食无忧的生活，那就是找到了这辈子的幸福。

对于方娜娜的选择，艾米也非常不理解。她多次替方娜娜感到惋惜："你错过了那么多好男人，竟然找了这样的穷光蛋，真是太傻了！"不仅如此，艾米还在同事面前说方娜娜的闲话："她真是太傻了！那个男人没房没车，也不是本地人，方娜娜选择了他以后，就等着过苦日子吧！这是什么年代了，没有钱寸步难行，穷日子怎么能幸福！"

这个世界上没有不透风的墙，艾米的这些话早已传到方娜娜的耳朵里，可她却装作不知道。方娜娜心里明白，每个人对幸福的理解不同，自己只要遵循内心，选择自己喜欢的便好。

对于贫穷的艾米来说，幸福就是过上衣食无忧的生活，改变自己贫苦的命运。这本无可厚非，这是她内心最渴望的，也是最能让自己快乐和满足的。可是，她不能用自己的标准来衡量方娜娜，认定方娜娜选择家世普通的伴侣就注定无法获得幸福。

这个世界，幸福没有固定的模式，不能说你那样的人生就幸福，我这样的人生就不幸福。生活之路，每个人都有自己的走法；对于价值的定义，也有自己的评判标准。人不同，需求不同，选择适合自己的道路、生活方式，随心所欲，这就是最大的幸福。

我们没有必要用自己的标准衡量别人，更没有必要按照别人的方式来生活。幸福在于我们是否遵循内心，是否做自己喜欢的事情，选择让自己感到幸福、快乐的选项。若是凡事都趋利避害，只想着选择最好的、最有利的，而不是选择自己最喜欢的、最适合的，即便获得再多，恐怕也无法快乐起来。

不妨再看看这个故事：

有个农夫在自家的院子里挖出一尊大理石雕像，他不知道这个东西值多少钱，便找到一位艺术品收藏家来鉴定。收藏家看过后，给了农夫一大笔钱，买下了这尊雕像。

农夫拿着钱，心里美滋滋的，他想："现在，我有了这么多钱，可以买下好几块地，还能盖个房子，真是太好了！那个收藏家也太傻了，竟然花这么多钱买一块大石头，真不明白他是怎么想的。"

而那位收藏家此刻心中万分激动、高兴，一边抚摸着雕像，一边感慨地说："这真是稀有珍品！那个农夫竟然为了钱，卖掉这个无价的宝贝，真是太愚蠢了！"

可见，一个人的身份、价值观、想法不同，对于幸福的理解自然不同。对农夫来说，雕像毫无价值可言，他所需要的是钱，钱可以让他拥有土地，用来盖房子，改善生活，所以得到一大笔钱之后，农夫觉得他是幸福的。对于收藏家来说，他早已衣食无忧，更加注重的是精神层面的享受，所以不惜花大笔钱来买一个艺术精品，他觉得这是幸福的。

感觉幸福就是幸福，这是非常简单的道理。幸福是一种感觉，是内心选择的结果，而不是所谓得失、利益。我们想要真正的幸福，就应该遵循内心的感受，做出符合内心的选择。

然而，许多人在刻意追求所谓的幸福，想要事业成功、有钱有势，却在追逐过程中忘记了遵循本心。结果，这些人虽然得到很多，付出的代价却也巨大无比，失去了幸福感。

菲菲是一个从南方小镇出来的姑娘，从小就过着贫穷的生活。凭借努力学习，她考上了一流的大学，找到了不错的工作，然后在繁华都市立住脚跟。

可是面对城市的繁荣，她心里总是有小小的自卑。这让她特别在乎别人的眼光，甚至时常因为别人的眼光而改变自己的选择。

她喜欢清闲的生活，读书、听音乐，但不得不参加同事聚会、逛街、泡吧；她不喜欢吃西餐，但是男朋友喜欢，她不得不陪男朋友每周去几次；她不喜欢香水，但不得不喷洒一些，因为这是职场礼仪……

现在的她成为一名时尚漂亮的女白领，过着别人羡慕的生活，但她却不快乐，感觉不到生活的幸福。

是啊，她怎么会快乐和幸福呢？

她成为别人眼中“优秀”的人，但这些都不是她真正想要的，更不是发自内心的选择。所以，即便假装幸福，她都做不到，只能沉闷、机械地生活。在别人的影响下，她早已把自己的幸福丢失了。

所以，在选择面前，我们应该顺应本能，为了幸福而活着，而不是为了获得更好、更多的东西而活着，更不能太在意别人的眼光，把自己活成别人的样子。如果你能这样单纯地去想，遵循自己的内心，你就能够得到幸福、快乐。

8.不怕走弯路，人生才会更加出彩

人人都向往一帆风顺的平坦大道，害怕那些弯弯曲曲的羊肠小路。正因如此，我们才尽量避免走弯路、小路，努力走上平坦大道。

可世间哪有那么多康庄大道呢？又怎么那么容易就步入平坦的大路？不管再怎么不愿意，我们也难免会走入弯路，将自己碰得头破血流、伤痕累累。

可是，我们要知道，弯路并不可怕，摔跤、流血也不可怕，关键在于我们是否有足够的自愈能力，能够在经历这些苦痛和挫折之后勇敢地站起来，然后鼓励自己坚持走下去。

只有把弯路上的挫折、伤痕当作历练，汲取经验和教训，然后整装重新出发，才能从中寻找到一条沿途风景美美的直路，快速到达目的地。

很多年前，有位一穷二白的年轻人叫威廉·瑞格理，他孤身一人来到美国的芝加哥。没有一技之长的他找工作时屡屡碰壁，迫不得已只好到商店卖起肥皂。好不容易有了这份工作，威廉·瑞格理对待工作格外认真。工作了一段时间后，他发现苏打粉的利润出奇的高，于是就利用自己所赚的钱去市场上买了一批苏打粉来卖，想从中获取一些差价利润。

苏打粉批发回来后，威廉·瑞格理却不得不面临这样一个残酷的现实：当地卖苏打粉的人远远多于卖肥皂的人，而自己单枪匹马又缺乏市场经验，根本不是那些人的对手。

看着仓库里堆得满满的苏打粉，想到自己可能面临血本无归的惨境，威廉·瑞格理心急如焚。思来想去，他索性一亏到底，将之前批发来的几箱口香糖拿出来和苏打粉一起捆绑销售，买一包苏打粉就赠送两盒口香糖，以此类推，多买多送。靠着这种捆绑销售的方法，威廉·瑞格理在很短的时间内就将仓库里的苏打粉全部卖光了，并小赚了一笔。

威廉·瑞格理从这件事情中看到商机，他发现人们对口香糖的需求比苏打粉要高得多，看起来口香糖利润薄，但市场前景不错。接着，威廉·瑞格理又在市场上做了一番走访和调查，了解了时下人们对口香糖口感与包装的建议。准备工作做好后，威廉·瑞格理便拿出自己先前赚的那笔钱，信心满满地办起口香糖厂。

不久，由他创办的“箭牌”口香糖问世了。虽然他在产品质量和包装上下足功夫，无奈，市场上的口香糖品种繁多，他的产品在市场上并没有引起强烈反响。

为了尽快打响产品的知名度，让自己的品牌更好地出现在大众视野里，威廉·瑞格理做了一个孤注一掷的决定：收集芝加哥当地一些知名商铺、超市、办公大楼等的电话和地址，然后给每个地址寄去两盒口香糖和一份意见反馈表。

做出这个决定，威廉·瑞格理的内心是忐忑的。要知道，这次他可是押上全部身家来做这件事，一旦短时间内没有收到效果，也就意味着他的公司面临破产的厄运，他也将回到一穷二白的生活。

出人意料的是，威廉·瑞格理的孤注一掷终于让他迎来一个温暖的寒冬。短短几天时间，“箭牌”口香糖就风靡全芝加哥，然后以迅雷不及掩耳之势迅速蔓延美国。

后来，就连股神巴菲特在接受美国电视媒体采访时也曾表示：投资“箭牌”这样的大品牌是一个明智之举，因为全世界每天都有人在吃这个公司的产品。

虽然在前行的道路上，“箭牌”毫无例外地走了一些弯路，也曾徘徊在生死边缘，但好在苦尽甘来的它终于走出弯路，成功杀出一条血路，并让自己稳稳地立于世人眼前。

“箭牌”融入生活每一天。如今，“箭牌”产品已经越来越多地出现在人们的生活中，产品销路越来越广，不仅在全球180多个国家和地区成为热销产品，全球销售额更是超过40亿美元。

俗话说：“一个人易犯的大错，就是不敢犯错。”“箭牌”之所以能成为全球跨国集团，就像第三代掌门人小瑞格理说的那样，要“敢于走弯路”。的确，一个人只有在走弯路的过程中，才能发现一些不为人知的商机，只有历经了失败的教训，才能清楚地认识到自己的错误，从而找准人生目标，勇敢坚定地走下去。

正如张爱玲在《非走不可的弯路》中所言：“有一条路每个人非走不可，那就是年轻时候的弯路。”前行道路上，每个人都会遇到一条蜿蜒曲折的路，不碰壁，不摔跤，不走弯路，又怎能练出铮铮铁骨，让自己茁壮成长呢？不勇敢地面对这些摔跤、流血、挫折、困难，又怎能朝着目标走下去，赢得最后的成功呢？

可是，现实生活中，很多人惧怕走弯路，或是一遇到弯路便逃避、畏缩，或是经历了摔倒和流血之后便再也站不起来。结果，这样的人永远无法找到适合自己的道路，到达成功的彼岸。

事实上，那些不敢走弯路的人，实际上是懦弱、自卑的，内心不敢尝试一切新鲜事物，只能不断重复地走他人走过的老路，无法成就新的自己和人生。要知道，历经“弯道”的洗礼，人生才会更加出彩。只有历经弯路的锤炼，我们才能变得成熟、睿智、果敢，转身寻找一条正确的道路，稳稳地走下去。

所以，我们不要怕走弯路，更不要因为在弯路上摔倒而放弃、逃避，甚至自暴自弃。即便摔倒了又怎样，爬起来继续走就好了；即便走错了又怎样，及时调整路线就好了。

每个人的成长都是一段艰辛的历程，正所谓“不经历风雨，怎能见彩虹”。当我们具备百折不挠的勇气与坚定的信心，坦然地经受挫折的洗礼，才能努力创造自己所渴望的生活，最终走向成功的巅峰。

第六章 DILIUZHANG 展示力：你的能力，要学会用套路讲出来

“酒香不怕巷子深”的想法早已落伍，不合时宜。想要更早取得成功，就要培养你的展示力。你不仅肚子里要有“料”，还要懂得用“套路”将自己的“料”展示出来。那些高情商的人，往往会主动让努力变得更有价值，曝光率越高，存在感越强。

1.有事没事，晒一晒你的忠诚

职场上，一个人的能力与专业知识固然重要，但想要取得成功，关键的不仅仅在于能力和专业知识，更在于所具有的职业素养。一个人职业素养的高低，与他的品格紧密相关，并对他一生的成就有重大影响。在众多的职业素养中，忠诚就是非常重要的一项。

李辉和张健是同学，两人都是研究生学历，毕业后又很有缘地应聘进了同一家公司。李辉和张健都是非常优秀的人才，公司对他们的培养也十分重视。两人初入职场，自然抱着要大干一番的心思。

起初，对于这份工作，李辉和张健都非常满意，毕竟待遇高、福利好，发展前景也不错。但有一段时间，公司高层突然不知因为什么经历了一番“大清洗”，运营方面也出了一些问题，闹得人心惶惶，不少人在私底下议论，担心公司可能撑不过这一变故。

听多了同事的议论，李辉心里非常忐忑，成天琢磨着要怎样“自救”。正巧这个时候，他以前跑业务时认识的一位主管向他发出邀请，让他跳槽去他们公司工作。李辉把这事告诉了张健，并表示可以和对方沟通，带他一块离开。

然而，张健听完后却拒绝了李辉的提议，并建议李辉应该和他一起留下来，和公司共渡难关。虽然张健分析了种种利弊，并肯定地表示公司一定能渡过这个坎儿，以后还将大有前途，但李辉在权衡利弊之后还是选择了辞职，跳槽去了别家公司。

后来，留在公司的张健更加积极地投入工作，并暗暗留心公司在运营方面出现的一些问题和弊病，针对这些问题和弊病做出一份策划方案交给老板。老板非常赏识张健的才华，不久之后就把他调任到公司旗下的一家子公司任总经理。公司内部的问题也如张健所预料的那样，有惊无险地渡过了。

几年后，一次同学聚会上，张健和李辉再次相遇。这时候，张健依旧在那家公司工作，并早已因为出色的业绩而被升任成为公司总部的部门经理，最近还被董事长看重，不久将被派往日本负责公司日本市场的业务拓展，前途可谓一片光明。至于李辉，听说不久前刚刚跳槽，开始了他毕业之后的第五份工作，依旧是一名小职员。

要知道，职场中，老板最喜欢的员工有两类，一类是有能力的，另一类则是忠诚、值得信任的。有能力的员工能够为公司创造价值，而忠诚的员工则能够成为老板的心腹，委以重任。一位哲学家说过：“一盎司忠诚，相当于一磅智慧。”

因此，在公司面临难关之际，张健的忠诚让他赢得老板的信任，同时也赢得未来发展的机会。缺乏忠诚度的李辉，每次遇到困难时选择的都是逃跑而非承担，自然只能不愠不火地在各个企业做着最基本的工作。毕竟，一个连与公司共患难都做不到的员工，恐怕很难得到老板的肯定和认可。

在当今这个市场经济的社会里，有能力的人很多，只要开得起价钱，你就能购买到匹配的技术和能力；但忠诚的人却难找，尤其对上位者而言，能够得到一个值得信任的人，向来不是件容易的事。

一个员工如果连基本的忠诚都没有，即便能力再强，也无法得到老板的信任和重用。毕竟老板永远不知道，哪天这个“得力助手”就会毫无负疚感和责任心地转投他人麾下。

所以，职场中，想要得到重用，有机会施展抱负，就要做到忠诚。只有老板信任你，愿意接纳你，你才有机会走向更大的舞台，获得更多的机会。

身处职场，我们要明白：忠诚不仅仅是一种品质，更是一种担当，一种责任，一种握在手中的贵重筹码。一个有能力而又忠诚的员工，无论走到哪里，都能得到老板的喜欢与欣赏，而老板的肯定，无疑就意味着未来发展的机会。

无论在公司的哪个岗位，忠诚永远都是前提，然后才是能力。不忠诚的员工，即使再有能力，也无法得到上司和老板的重用。正所谓“大胜靠德，小胜靠才”，日常工作中，千万不要吝啬展示你的忠诚，那是比能力与智慧更贵重的资本。

2.培养恰到好处的存在感

生活中，我们会有这样的体会：有些人在相处中总能给别人带来翩翩君子温润如玉的感觉，他们的个性从来不会锋芒毕露，甚至锋利扎人，也不会刻意强调存在感，但却远远比那些哗众取宠的人更有存在感。与他们交往，最大的好处是：这样的人不管什么时候出现，永远都恰到好处，既不会让你觉得唐突，又牢牢占据你内心的一片天地。

这种恰到好处的存在感，也是我在职场上极力推崇的。我欣赏的存在感，不是长袖善舞、巧言令色，而是对他人的真心关照；不是锋芒毕露、计较胜负，而是让人相处舒服；不是时时刻刻聒噪不休，而是关键时刻能挺身而出。

唐唐在公司商务部任职三年多，工作细致认真，深受上司器重，其中重要的原因是，无论接待什么样的客户，她都把握得非常好，从来没有收到客户的差评和投诉。有一次，外地的合作伙伴派代表来学习和交流，负责人是一位中年男性，在此前与公司打交道的过程中，他以难相处、难沟通著称。于是，这个“难啃的骨头”被领导分配给了唐唐。

通过了解和个性勾画，唐唐制订了一套接待计划，既不显得特别重视，又恰到好处地与该负责人保持距离，有要求随时满足，有问题随时解答。后来，赶上公司年后的一次聚餐，唐唐特意邀请这位负责人参加部门聚会，大家热热闹闹，谈笑风生，唐唐全程照顾，让这位负责人一扫无法回家过元旦的郁闷，心情非常好，丝毫没有别扭和陌生的感觉。

事后，这位负责人特意打电话向唐唐的上司表扬唐唐，声称这次商务接待让自己感受到“春风一般”的温暖照顾和体贴，并强烈要求领导给唐唐发奖金。

相信这个姑娘在公司里给其他人也是这种恰到好处的感觉。这种职场上的存在感，究竟应该如何把握，需要经验和智慧来掌控。那如何定义职场上“恰到好处”的存在感呢？

很多时候，新手初入职场，社会经验少，技术实践也没有积累。这时候最适宜的，是默默耕耘。所以，刚入职从基础和辅助工作干起是正常事儿。新人对职场的一些规则和人际交往还是一头雾水，就算这时领导委以重任，恐怕也很难胜任，因此更应该保持低调。

试想，一个刚入职的员工与领导谈话时大谈企业制度弊端，或者日常工作中的种种问题，想要用这种方式在领导面前刷存在感，无疑是非常愚蠢的。

反过来说，如果已经在公司里有了一定的资历，却仍然把自己当新手，只想安安静静当一颗螺丝钉，保持低调的存在感，无疑也是不合适的。

公司的小王入职已经快一年了，可大家都觉得他这个人有些别扭。平时部门聚餐，无论谁组织的，他从来不去。按说小王长得人高马大，北方人的骨架衬托出天生的英气，刚来时就是部门少女的八卦对象，但后来大家发现，小王好像跟所有人都很“见外”，似乎刻意在保持距离，明明已经很熟了，交往起来好像还是刚入职时的样子。

比如聚餐，本来大家开开心心的，一个团队的人吃个饭、聊个天，是很舒服、很惬意的一件事，还能增进凝聚力。可是，小王总是推脱不去，一两次说自己身体不舒服还好，次数多了难免叫人怀疑，感觉就是不想和同事一起聚餐。后来，大家聚餐也不叫他了，感情慢慢淡了许多，有时甚至路上碰见就当没看见，低着头赶紧走过去。这样一来，小王在公司里的存在感无法避免地越来越低。

该低调的时候高调，该高调的时候低调，职场中，这样的存在感就是最不适宜的。

正确的做法是，在你刚进入一个新的环境和团队时，即便想要增加自己的存在感，也不要有不切实际的想法，踏踏实实地把自己当成一颗螺丝钉。安心工作，做好每件小事和基础工作，多向他人虚心请教，持续提升技能和人际交往能力。用实力和成绩证明自己，才能得到更高的评价和领导的提携，存在感自然就会上去。

当需要你展现存在感的时候，一定不要后退，而是勇敢地把自己优秀的一面展现出来。这样的展现不是锋芒毕露，而是一种令人舒服信赖的感觉，真正有存在感的人，反而不会特意出风头，而是始终保持恰到好处的状态。

天才哲学家乔治·贝克莱在代表作《人类知识原理》中说过："一个观念的存在，正在于其被感知。"同样的道理，职场中每个人的存在要被同事以及领导看到和感知到，才算是真正的存在。可以说，存在感是让你在职场立足、拥有发言权、获取他人信任且实现职业晋升的助力，一定要做到恰到好处，既不能埋没自己的才能，又不能引起他人的反感。

因此，关于职场存在感，最好的做法就是：做一个有实力又努力工作的人，还要懂得主动在领导面前展示自己的能力。在领导面前，恰到好处地刷存在感，加深上司对你的全面认识，这样才能更好地认可你、记住你。比起默默等待和哗众取宠，这是最好的做法。

3.找到你的卖点，让自己成为爆款

每年都会有一批刚从大学校园离开，入职公司各个部门的新鲜血液，也会有一批新鲜血液从各个岗位脱离出去。有的人成为工作经验的幸运者，有的人却成了工作年限的受制者，总有些人让我印象深刻。

事实证明，工作能力再强，如果不懂得找到适合自己的位置去展现，则很可能会被公司埋没。即便你在公司贡献多年，如果一直默默无闻，除了你部门的人认识你之外，已经别无他人。或许你只想做自己，可在职场上，这完全不利于发展。

那些懂得结合自身特点寻找合适平台的人，往往会取得出人意料的收获。这其实与传媒行业的广告传播不谋而合。对广告传播来说，有一个非常重要的词汇：爆款，意思是可以引爆大众关注率的某个宣传点，可以在短时间内最大限度地引起大众关注，从而起到非常好的品牌宣传作用。

一位著名的媒体人这样说过："没有形成爆点，就很难形成焦点，而没有焦点，就没有足够的引力聚合到足够的关注。"他本人就是因为在网络上分享了一份名为《如何成为PPT高手》的PPT作品，被疯狂下载200多万次后形成爆款，从而树立起自己PPT专家的形象。

他所说的"爆点"对应到职场上，就是把握机会，创造一次突出的职场成就事件。这需要我们勇于承担一些额外的责任，精心筹划，全力以赴，以不成功便成仁的精神勇敢一搏。毕竟，机会并不是常常有的，突出的职场成就事件也不是信手拈来，看到机会，一定要及时把握住。否则，职场中默默无闻太久，会被同事、老板和幸运女神所遗忘。

1961年，杰克·韦尔奇在通用公司只是一名年薪一万美元的普通工程师。他发现自己虽然能力非凡，也取得了一定成绩，但始终局限在工程师的位置上，于是，他决定做些什么改变这一切。

就在这个时候，公司经理因为人员调动出现空缺。韦尔奇认为，这可能是最适合展示自己能力的位子。他立刻找到领导说出自己的想法，却受到质疑，领导显然不信任他的能力。

然而，韦尔奇没有轻易放弃，他认真地向领导介绍了自己看市场的眼光、对人和工作的态度，整整用了一个多小时，试图说服领导。最后，领导似乎明白韦尔奇是多么需要用这份工作来证明自己能为公司做些什么。他对韦尔奇大声说道："在我认识的下属中，你是第一个主动向我要职位的人，我会记住你的，让我再考虑一下。"

这没有使得韦尔奇放弃，接下来的几天，他仍旧不断给领导打电话，列出他适合这个职位的其他原因。一个星期后，领导打来电话，告诉韦尔奇，他已被提升为部门主管聚合物产品生产的经理。

后来，韦尔奇又被提升为塑料业务部的总经理。当时他年仅33岁，是这家大公司有史以来最年轻的总经理。最后，他凭借自己对公司做出的卓越贡献，坐到董事长兼首席执行官的位置。最终，被誉为"世界第一首席执行官（CEO）"的杰克·韦尔奇在他20年的任期内使通用电气集团走向辉煌。

韦尔奇的经历让我们明白，如果你想要让自己的职场生涯取得本质上的突破，就必须做点什么，行动起来，找到能够“引爆自己”的平台和机会。这个过程中，有一个重要的诀窍，那就是找到真正属于自己的“卖点”，这样才能有重点、有方向地努力，收获更多以前领悟不到的东西。

许多人进入职场以后找不到方向，也不知道自己如何进入工作状态，更不知道该如何展现自己的能力和价值。这样的情况下，如果遇到好的师傅可能会教你，但大多时候要靠自己琢磨提升，这就对一个人的学习能力和悟性要求较高。

年轻人初入职场多问、多干，不懂就问，是最基本的要求，如果想要有所提升，就要学会根据前期工作情况梳理着干，看人家怎么弄的，你也想个思路出来，慢慢就会成长起来，说不定哪天就悟出属于自己的工作方法和方向。有了这个基础，再进一步寻求最适合自己的机会，展示自己，形成“爆款”，才能成为可能。

总之，职场中，我们在认清自己、找准方向后，还需要打造出爆点。假如你是做销售的，就不断积累客户资源，寻找销售爆发的机会，集中在某个节点，从而打造你职场中的爆点；假如你是做行政的，一定要不断积累经验，这样才有可能在机会到来之时一举拿下，成为上司眼中的亮点。

说白了就是：寻找爆点，制造爆款，让自己在领导上司眼里“火爆”起来！

4.领导面前要学会适当“装傻”

王斌有一位做A品牌汽车销售的朋友小何，因为他和身边的朋友许多都开A品牌的车，所以与这个小伙子打交道的时候越来越多，私底下了解得也越来越深。王斌曾跟他透露过想要换一台大一点的运动型多功能车（SUV）来开，后来他的另一位要买SUV的朋友也通过介绍在小何那里提了车。

又过了两个月，王斌又带另一位朋友去小何店里看车。让他十分意外的是，4S店里竟然摆着一台崭新的B品牌SUV，仔细一看，竟然跟自己一个月前刚刚提的那台车一模一样，连配置都相同！

王斌十分诧异，问小何：“怎么你们这里也卖这个牌子吗？”

小何说：“是呀，签约半年了，只是总部一直计划盘下对面的店来单独展示这个品牌，所以一直没有放样车，不过一直在卖的。”

“你早说啊，我不是跟你说过打算换台大点的SUV吗，我想换的就是这台！”

“啊？我还以为上次你们来提车是你要换车，连推荐型号都是根据你的爱好推荐的，唉，都怪我自作聪明了。”

小何完全因为自作聪明而丢掉一单生意。职场中，有着许多像小何这样自作聪明的人，他们尤其喜欢在领导面前凸显自己的聪明，殊不知，领导往往最不喜欢这样的员工，过分地表现反倒会给自己带来这样或者那样的损失和遗憾。

诚然，每个人都希望自己在领导眼中是聪明、有能力、优秀的，常常会为了塑造这样的形象而特意做出一些事情来“表现”自己。其实，很多人不明白职场中究竟什么才是真正的聪明，以至于聪明反被聪明误，做出不少适得其反的事情。就像三国时期的杨修，聪明绝顶，才高八斗，却错在喜欢倚仗自己的聪明妄测曹操的心思，最终落了个令人惋惜的下场。

要知道，领导喜欢聪明的下属，但永远不会喜欢自作聪明的。很多时候，在领导上司面前，适当地表现出一点儿“愚钝”，往往比一味地追求“聪明”，更能给领导留下好印象。

大刘在某市的一座高端写字楼上班，26—29层是同一家企业，就是业内顶尖的那种大企业。大刘经常在电梯里遇到公司的领导和职员，其中一个小伙子让他印象非常深刻。

因为经常在电梯里碰到这个小伙子，所以大刘留意到他大概是三个月前入职的，看起来像是刚大学毕业，是收发员之类的职务，总是见他跑上跑下送文件。不过大刘发现，这个小伙子没两个月就换了制服，有了胸牌，写着经理助理之类的职务，不再送文件了。

按理说，新入职的毕业生，没理由升职这么快，但大刘一点都不意外。他发现，这个年轻人非常聪明，进公司不到一个星期，就能在电梯里喊出每个同事的姓名和职务。

不过，大刘对他的升职不意外，不是因为这些，而是因为另一个细节，让他觉得这个年轻人大智若愚，前途不可限量。

那是一天上午，大刘下楼办事回来时刚好在电梯里碰到那个年轻人，当时他还是收发员，拿着东西，可能是刚刚外出了一趟。电梯就要关门的时候，又进来一个人，大刘一看，这是楼上那家大企业的高层领导，于是暗中盯着那个小伙子，想看看他在领导面前怎么表现。

小伙子果然第一时间认出领导，马上就开口问好，然后肯定是要替领导按电梯楼层的。这时候，他又问了一个让大刘意外的问题，问道："赵总您好，请问是要到28层吗？"

这位赵总当时有点不高兴，便反问道："你天天跑我办公室，难道还不清楚我的办公室在几楼吗？"

年轻人回答说："我知道您的办公室在28楼，但并不知道您是打算回办公室，还是去别的部门办公，所以不能自作主张。"

大刘当时几乎要为这位年轻人鼓掌，聪明勤快，却知道藏而不露，懂得谦卑。他这样的人如果不升职，就没有天理了。

要知道，聪明人虽然讨人喜欢，但自作聪明的人就极其令人讨厌。但凡领导，都不会喜欢自己的手下猜度自己的心思，更别说替自己做决定了。

这个年轻人的聪明之处在于，他懂得严防死守自己与领导间的那条"界限"，哪怕只是像坐电梯这样一件看似无足轻重的小事，他也充分表现出对领导的尊重和敬畏。乍一看，这样做可能让人觉得他过于愚钝死板，不懂变通，实际上，正是他最聪明的地方。

生活中，一个真正有智慧的人，懂得收敛锋芒，审时度势，职场上同样如此。因此，在与领导打交道的时候，想要获得对方的好感，与其总想着表现自己，担负"自作聪明"的风险，倒不如加点儿"愚钝"，把精彩留给对方。要知道，有时候，懂得装傻才是真正的聪明。

所以请牢记，想要赢得他人的好感，尤其是地位比你高的人的好感，千万不能自作聪明。即便你智商超群，在对方面前也要懂得收敛，某些时候表现得“愚钝”一些。过分地展现自己，有时会让人觉得是一种挑衅，真正聪明的人永远懂得进退适宜，知道什么时候该争取，什么时候该撤退。

卖车的小何，因为自作聪明而错过一单生意，而大刘眼中的年轻小伙子，因为懂得“装傻”，很快得到提拔。聪明的你们，一定能从中悟出点什么道理吧。

5.职场上，会“舍”才有“得”

王刚从小就是“孩子王”，学生时期身后就跟着一些“兄弟”。据他说，之所以会有“兄弟”心甘情愿跟着他，是因为他懂得分享，不管有什么好处，从来不独占。

大学毕业，步入职场的他，第一个过人之处就是能收服人心。他还是基层员工的时候，身边拥护他的同事就很多。用他的话来说，归于一点，就是懂得分享功劳。

如今，王刚早已成了主管，他始终给自己的团队灌输的思想就是：职场上不要吃独食，学到了就要教会别人，挣到了就要分给别人，这样才能长久。

一开始，并不是所有人都能理解王刚的话，团队内部曾经为了“职场功劳是否该分享”这个话题争论起来。一部分员工认为，如今企业内部竞争激烈，机会难得，好不容易把握了机会，做出点成绩，自然要在上司面前好好展现，何必把原本属于自己的功劳算在其他同事头上呢?

另一部分员工则持相反观点，认为团队精神最重要，如同打篮球、踢足球，“独狼”永远不受欢迎。再说，在企业这个平台上取得的功劳，很难说完全是某个人单打独斗的功劳，如果总想独占功劳，对企业和个人发展都不好。

对于这场争论，也许职场中的你会有所犹豫，一时间无法判断他们谁对谁错。那么，看了下边这个案例，心中想必会有更加清楚的答案。

青峰是上海某科技公司的高级技术人员，工作能力强，为人十分谦和低调，深得老总器重，和同事间的相处也非常和谐。

有一次，公司接到通知，接手海外总部发来的一个新项目，老总把这个项目全权交给青峰负责。这个项目是海外总部下半年重点发展的项目之一，任务重，时间紧。为了提高工作效率，老总勒令公司上下所有部门都得配合青峰，提供一切他所需要的帮助。

凭借过硬的专业能力和吃苦耐劳的工作态度，青峰不仅顺利完成任务，后期的项目运作也十分顺利。老总对青峰的表现非常满意，专门在公司给青峰开了一个庆功会，对青峰大肆赞扬。

青峰的工作能力不用说，大家都是有目共睹的，平时为人也确实不错，原本与青峰共事的同事对他的印象都很好。偏偏老总这么一通夸下来，开发组的同事心里头不是滋味，青峰虽然厉害，可他们出力也不少，现在倒好，功劳全成他的了。

青峰非常聪明，深谙职场潜规则，不然也不可能年纪轻轻就坐上这个位置。老板夸奖他的话刚一说完，青峰就知道自己要得罪人了。果然，他敏锐地捕捉到几个同事脸上不自然的表情。这个疙瘩如果不迅速解开，以后必然影响自己和其他同事的合作。

想到这一点，青峰赶紧站起来，端了一杯酒走上台，真诚地冲着同事们说道："这几个月辛苦各位同事了，要不是公司上下各个部门同事的热情帮助，这个项目不可能进行得这么顺利。还有我们开发组的兄弟们，这个项目的成功离不开每个人的努力。我们整个团队都是这个项目的功臣！"

听到青峰的话，老总也意识到自己刚才的发言可能会给青峰“拉仇恨”，于是，立即高兴地举杯大声说道：“是！大伙都是功臣！项目组所有成员，本月的奖金都翻一倍！”同事们这才欢呼着鼓起掌来，一开始对青峰心有不满的几个同事脸上也重新浮现出笑意，心头的那点不痛快也一扫而光。

不管哪个企业，都能听到有人抱怨，说同事关系不好相处，尤其牵扯到利益问题，稍不留神就矛盾重重，争执不断。其实，不仅是职场，生活中也是一样，但凡有人的地方，必然会发生矛盾，重要的是你懂不懂如何化解这种矛盾。

不得不说，青峰的确是个优秀的员工，不仅能力强，而且情商高。作为该项目的最大功臣，接受老总的赞扬当之无愧，但他非常明白，独享功劳除了赢得一时的风光外，无法带给自己任何实质上的好处，反而可能引起别人的嫉妒，导致自己被孤立。所以，他大方地与同事分享成功，用分享为自己赢得好人缘，这才是真正能够对他的未来有所帮助的东西。

我们知道，生活中想要与人拉近关系，最有效的方法也是分享。一个乐于分享的人，无论在哪里都不会成为众矢之的。毕竟你分享了，别人总得记着你的好，哪怕心里对你有意见，恐怕也不好意思表现得太过分。

在职场中，学会分享更是缔造好人缘的重要方法。一人独享功劳往往会引起他人的嫉妒，但如果共享功劳，嫉妒的敌意自然也就消弭。更何况，任何成功都不是仅仅依靠一人之力就能造就的，要靠团队协作。因此，与同事共享成果，也是顺理成章的事情。

因此，职场上，不要吝惜动用自己各方面的积累，不要斤斤计较个人得失，凡成功皆有付出，凡付出总有回报，世事皆如此。

分享是收获好感与信任的法宝。学会分享，不仅能够帮助你化解来自他人的嫉妒，并且还能帮助你迅速获得他人的好感。企业中，为人谦卑诚实，做事聪明智慧，抓住分享功劳的亮点，为你赢得良好人缘，则职场道路顺利，必然会在未来发展道路上越走越远，越走越好。

6.有机会就要当仁不让

太多的职场经验告诉我们：职场如战场，很多时候，企业内部的人才竞争相当残酷。同时，职场竞争中的新老交替也是无法避免的。这个过程中，有实力者居之是唯一的法则。因此，如果你强，一定要用能力说话，把自己的能力和实力展现出来，除此之外，没有其他捷径。

除了实力外，还需要我们在机会来临时果断跟进和追击。在这方面，我们要向鳄鱼学习，一旦碰到猎物，不是欣喜若狂，而是沉着冷静，不动声色，悄悄接近，然后，出其不意，趁对方毫无防备，一举拿下。如果稍有犹豫，很可能就在竞争中落了下风，错过崭露头角的机会。

唐莉所在的公关部因为种种原因，比原定岗位名额多出一个人，注定迟早要有一个人被裁，加上部门经理位置一直空缺，因此就导致部门内部竞争日益升级，甚至发展到有人挖空心思抢夺别人客户的地步。

唐莉不喜欢这样的氛围，她只知道凭实力和责任心做事，只管付出不问收获，出了名地逆来顺受，于是大家私下都认为她是被裁掉的最好选择。尽管论学历、工作态度、能力和口碑，她都不错，但一直没有机会好好地在老总面前表现自己，老总也一直以为她能力平平，没有什么过人之处。

后来，接到人事部提前一个月下达的辞退通知之后，唐莉半天也没回过神来。

她怎么也没想到，自己两年多的努力不仅没有得到承认与尊重，反而等到被裁的命运。她实在有点不甘心，暗暗下定决心，一定要找机会用自己的实力挽回这个局面。

有一天，一个和公司即将签约的大客户提出要到公司来看看。这家客户是一家大型合资企业，一旦谈企业能够成功签下长期供货合同，单位的发展速度会得到很大提升。来参观的人中有几个是德国人，并且是这次签约的决策人物，这是公司没有想到的。

客户一行来到公司，因双方语言沟通困难，场面显得有些尴尬。就在公司老总颇感为难之际，唐莉不失时机地用熟练的德语同德国客户交谈起来，给老总救了场。唐莉陪同客人参观，相谈甚欢。她凭借自己良好的表达能力和沟通能力，丰富的应对技巧和对业务的深入了解，终于顺利地签下大单。

这一次，唐莉随机应变的表现能力以及熟练的德语会话能力，让老总对她大加赞赏。她在老总心目中的分量悄悄发生变化。一个月后，唐莉不仅没有被辞退，还暂代任公关部经理。

在公司内部人才竞争的过程中，看准时机该出手时就出手，不能仅仅理解成速度和力量，它更需要一种眼光和智慧。

在唐莉身上我们看到，竞争的可怕不在于你将面对什么样的对手，而在于你需要意识到机会的重要性，这就是无形的竞争。当今时代，知识更新加快，每个人都应该不断寻求进步，抓住身边转瞬即逝的机会展现自己的实力。相反，如果你一味埋头苦干，不懂得展现，哪怕你学的知识再丰富，再有实力，也会变得一无用处，最终被淘汰。

所以，身处职场，一定要学会抓住机会展现自己，这是每个人安身立命之本。比如，做销售的抓住销售旺季，就能卖出更多产品；做人力资源的能慧眼识千里马，并能协调公司员工间的关系，就能招聘与维系优质人才；做技术开发的抓住市场风口，就能开发出更受市场欢迎的技术产品。

生活中，我们身边往往不乏这样的同事：一边在充满压力的氛围里悠然自得地过着近乎养老一般的生活，一边跟朋友抱怨身边没有机会。这样的人永远看不到身边晋升的人是如何想尽办法获得并且抓住机会的。他们最擅长的，就是眼睁睁看着机会从身边溜走。

小飞在一家公司待了五年，其间曾有2次竞聘晋升的机会，然而，他都以各种理由拒绝参加，总以为凭借自己的资历，能够获得破格提拔（由总监推荐，无须参加竞聘）。结果，随着一拨又一波的新鲜血液补充进来，当他终于明白机会靠等没有希望的时候，想要竞聘已经有些力不从心。后面的新人可不像他，早已摩拳擦掌，跃跃欲试。

职场上，所遇到的每一次机会，其实都是一个“亮相”的平台，如果错失，将会带来整个职业生涯的转变。实力和业绩贡献虽然是最大的亮点，但相对于展现自己的机会，后者有时候更重要。

企业中的明星人物能够出人头地，自然有他们的过人之处。这种过人之处，实际上是一种面对机会当仁不让的精神，无论做什么事，有了实力，还要抓住机会，才能有所作为。

正所谓“一亮遮百丑”，企业人才竞争也是如此。我们要不断学习新知识，充实自己，更要敢于抓住机会，才能跟上企业发展步伐。身处职场，我们不要忘记竞争的残酷性，永远不要忘记：即便金子，如果没有机会发光，一样会被埋没。

7.“分内”还是“分外”，别太较真

平时工作中，不少人把“分内事”和“分外事”分得非常清楚，只要他觉得一项任务不是自己的“分内事”，就会躲得远远的，就算闲着，也不愿多搭把手；还有一部分人则常常主动做一些“分外事”，总是尽自己的最大努力去做。

事实上，前一种人往往得不到公司和上司的重视，后一种人通常总是能够为公司和上司解决问题，自己也能够获得好的职位和新的升职机会，最终成为公司越来越倚重的人。这些人才拥有大智慧，一个人的工作能力也必须通过工作表现才能体现出来。那些不吝于体现自己工作能力的人，往往也是公司心甘情愿下力气培养的，也容易体现自己对公司的贡献。

张博是一家超市新招进来的员工，每天的工作就是帮助公司运送货物，然后把货物摆放在仓库的架子上。可以说，张博的工作是超市最基层的，也是最辛苦的，这让一些同事并不把他当回事。他们心里觉得，如果公司辞掉一些人，张博这样的员工肯定是最先被裁掉的。

出乎所有人意料的是，一段时间之后，张博竟然成了老板眼中最有价值的员工，不仅薪水增加，还越来越倚重他。张博究竟是怎样做到的呢？

原来，张博不仅勤快能干，而且热心助人，虽然每天完成自己

的工作任务已经很累了，他还是闲不下来，经常告诉包装部门的经理说："我把货物搬完之后可以帮助你们包装，这样还能多了解一些超市的工作。"

就这样，张博经常地把自己的时间花在帮其他部门的同事做一些分外事上。有时候下班了，他还在别的部门里帮忙。他还跟畜产部门经理说："我希望空闲时能来这里多帮帮忙，了解你们包肉和保存的过程。"同样，他还分别到烘培、安全、管理甚至清洁部门帮过忙，公司的所有部门几乎被他转了一遍。

几个月过去了，张博几乎走遍公司的所有部门，每个部门的工作他几乎都做过。一旦有某个部门的员工有事请假，部门经理第一个想到的就是让张博来暂时顶班。

一年后，经济大环境的萧条导致公司经营状况恶化，老板只好裁员以节约成本。有些人觉得张博这次肯定会被辞退，然而，他却被老板留了下来。后来，经济危机过去了，公司的经营状况开始好转，这时恰好有个部门经理的位置空缺，老板又毫不犹豫地把它给了张博。

很显然，张博这种貌似"缺心眼"的职场态度，其实是职场情商的一种体现。日常工作中，有些人只求分内工作尽职尽责，老板或者上司没有安排的工作或者是自己职责范围以外的工作就不会主动去做。这样的员工不会发挥自己的主观能动性去开拓工作。正因如此，他们的工作往往也很平淡、平庸，不会有突破，更不会有所建树。

相反，另一种人在公司中无论是管理者，还是普通职员，他们都不会局限做自己分内的事，抱着这样的工作态度，往往能使他们从竞争中脱颖而出。同时，公司的上司、老板以及他帮助的人都会关注他，甚至形成一种依赖，拥有更广阔的平台和更多的被培养机会。

很多在公司中已经具备一定身份的员工都曾用亲身经历告诉后辈，人在职场，尤其是初入公司的新人，不要过于计较工作是“分内”的还是“分外”的，有时多做一点工作，不仅能让老板看到自己是“好用”之人，还能在不断接触新事物中磨炼自己，增加自己的附加值，百利而无一害。

工作中，当同事把一些原本不属于我们的工作托付给我们时，或者老板在我们忙得不可开交时又交给我们一件额外任务，我们都应该在条件允许的情况下尽量接受，而不是逃避。

接受之后，虽然表面上看工作量增加，劳动报酬没有变化，好像是吃亏了，但就长远的职业发展来说，却是迈向成功的第一步，实际上有很大的收获。

任何一位员工进入公司都会面临这样一个问题：怎么才能让公司知道你很有能力？其实很简单，那就是通过积极表现显示出你的能力。同样，老板判断你是不是有才能，也是通过你的表现得出结论的。这个世界上，没有任何一个人是专门为了发现你的能力而存在，所以你应把自己的能力表现出来。接受额外的工作任务，恰恰是表现能力的大好机会。

当然，我们可以换个角度看待这件事：无论是谁的工作，都是公司的事情，只要不影响自己的工作，就不要区分工作是分内还是分外的了。即便这项工作不是自己的，但我们完全可以把它当成一个锻炼和学习的机会，可以学到更多的技能，熟悉更多的业务，何乐而不为？

况且，在帮助别人做工作的同时，我们也能够很好地展现自己，还能促进和同事间的关系。如果我们能够把工作做得很漂亮、很到位，一定能让老板对自己的能力有更进一步的了解，并让他觉得，你是一个肯为公司着想的员工，必然会得到更多培养和重用的机会。

比尔·盖茨说：“这个世界并不会在意你的自尊，而是要求你在自我感觉良好之前先有所成就。”懂得这个道理，你就会在工作中不再计较到底是分内还是分外的工作了。一个想靠自己能力和才华在职场上生存的人，更应该注重表现自己，利用工作中的机会，让公司和上司看到你的能力，认识到你是公司中值得培养的人才。

因此，如果我们在工作中被安排一项“分外”的任务，千万不要有丝毫的抱怨，而是应该主动去做、乐意去做，尽可能地多做一些、多学一些，这样就能对公司的整体运转有一个很好的了解。终有一天，我们也能像张博一样变成为公司解决问题的专家，而这样的员工也是老板心中最有培养价值的。

第七章 沟通力：你说话的深度，决定你人生的高度

情商高低，从说话中最能分辨出来。有情商的人靠说话呵护亲情、建立友情、拥有爱情，生活也因此变得丰富多彩；他们用说话维护并不断巩固各种关系，拓展个人发展空间，提升人生层次。可以说，你说话的深度，直接决定你人生的高度。

1.所谓语商高，就是说话让人心里叫好

汉语是世界上最复杂的语言之一，语序变化丰富多彩，同样一种观点会有多种表达方法。生活中总会碰到有些人说话不招人喜欢，说出来的话让人不是很好接受，同样一句话从他嘴里说出来就变味儿了。但有些人就特别会说话，同样一句话，他只是换种说法就让人很喜欢、很舒服。

孙涛和马凯到广州出差，两人在马路边等公交时，发现对面有一个卖报纸的小摊。

孙涛对马凯说："你在这里等我，我去买一份报纸。"

当孙涛从卖报人手里接过报纸时，发现自己没带零钱，只好递过一张10元的人民币，对卖报纸的小贩说："找钱。"

谁知，小贩冷若冰霜地说："先生，我是卖报纸的，可不是给人找零钱的。"

孙涛没有买到报纸，悻悻地回来了，闷闷不乐地把事情的经过告诉马凯。

马凯安慰道："你在这儿等着，我过去试试。"

马凯来到报摊前，递过同样的10元人民币，对小贩说："先生，我是外地来的，想买份报纸，可是身上没有零钱，麻烦您帮我把这10元换成零钱。"

听了马凯的话，小贩顺手抓起一份报纸，递过来说："拿去

看吧。”

同样是买报纸，孙涛的说法无疑如同一种命令，而马凯的说法显然要温和有礼得多，更类似一种请求。两种说法传递的是同一信息，但不同的表达方式给对方带来的感受却是完全不同。这就是沟通力，一句话说出来可能会挑起矛盾，让你失了人心，也可以帮你赢得他人好感，事半功倍。

做事需要情商，说话还得靠语商。要想达到最好的交流效果，在表达自己的观点时要牢记“良言一句三冬暖，恶语伤人六月寒”。想想如何彼此尊重和理解，想想自己可以怎样更好地表达，生成更精彩、让人喜欢的语言才好。

不信，咱们就来看看一个女生的故事。她因为做了几个梦，深交了一个好朋友，更懂得了所谓语商高就是说话让人心里叫好。

王璇是一个喜欢胡思乱想的女大学生，每次考试前都会很紧张。下周就要期末考试了，这天晚上她又做起了梦，梦里的她站在一堵高高的墙下，抬头望着上面。一开始，她也不知道自己要做什么，后来从别处找来铁锹，顺着梯子爬到墙上。爬到墙上干什么呢？她居然开始种花，而且都是白色的，有白菊花、白玫瑰、白芍药……一片白白的花，看起来雅致清新。

第二天醒来，王璇回忆起这个清晰的梦，觉得有些不吉利，“这肯定是个不好的梦，种的花还是白色的，还在墙上种，白费力气啊！”但舍友刘娜听完却双手拍掌，哈哈一笑：“这是个好梦！”她一说完，王璇感到非常不解，这时刘娜解释说：“你想想，你爬到那么高的地方去种花，还那么漂亮，说明你这次考试肯定会发挥很好，高种=高中，搞不好这次能拿个好名次。”刘娜说完，王璇觉得这种说法也对，她仿佛抓住一线希望，不再疑神疑鬼，安心复习。

后来，王璇还真拿了个不错的分数，这学期的奖学金肯定是没问题了。拿到成绩的那天，她想起刘娜的话，不由得心里一暖。从那以后，她和刘娜亲近许多。

后来，王璇喜欢上一个男生，那个男生高大帅气，很受欢迎。王璇有点害羞，不太敢表白，一直憋在心里。有天晚上，她又做梦了，这一次她的梦里出现了那个男生。两个人在学校里手牵着手散步，突然下起大雨，两个人急忙跑到一家商店躲雨。王璇进去买了一把伞，男生却买了两件雨衣。雨下个不停，她和男生一人穿一件雨衣，然后又把伞打开，重新走进雨里。王璇有点沮丧地跟刘娜说起：“又打伞又穿雨衣，那不是多此一举吗？我干什么都是多余的，就是没缘分。”

这时刘娜不紧不慢地说：“照我看，这是个再好不过的梦了。下雨了，两个人都去买雨具，说明两人心有灵犀。买的还不一样，说明两人没有冲突。双重保护，有备无患，下再大的雨都不会淋湿，说明俩人感情经得起考验！都做这么好的梦了，该做的赶紧做吧！”听了刘娜如此美好的解读，王璇很高兴，也很感激：“你这张嘴最会说好话，什么样的梦，你都能说得这么动听。”

很快，王璇就跟喜欢的男生表白了，她那份自信的样子让她看起来非常有魅力，两个人很快走到一起，成为一对甜蜜的小情侣。从那以后，王璇跟刘娜成了最好的闺蜜，是那种一起吃、一起睡、一起洗澡的好闺蜜。她从没跟任何人说过，那些青春里灰暗自卑的情绪，因为刘娜的每一句灿若莲花的话而变得明亮起来，也让她逐渐对生活、对未来有了更多的希望和勇气。

我们一生都在说话，有时会针对别人发表许多评价，而我们所说的那句话，于我们自己而言可能只是随口一说，于别人而言却可能决定他一整天甚至是一段时间的心情。这就是考验我们语商和情商的时候。每个人都希望听到暖言，所以，一定要对自己的话负责，别让语言化成飞刀，伤害别人的心。

恶语伤人，损人不利己；良言暖心，助人又修心。口吐莲花的人，日久天长，必然收获不一样的福报，让人生迈向更高的台阶。

2.非常会聊天，人脉永远不衰败

我们身边总有那么一些人，无论什么场合，面对什么样的人，他们总能用一两句看似随意的话，就让人心花怒放。这样的人通常都有极好的人缘，走到哪里都深受欢迎，八面玲珑，让身边很多人羡慕得不得了。其实，想要得到别人的好感并不难，嘴甜会夸人就行了。

大家不妨回想一下周围那些让你觉得有好感的人，然后把你和他们相处的日常迅速回忆一下，找找这些人的共同点——他们未必全都能言善辩，但一定都很会夸赞别人，总是能不动声色地说一些夸赞对方的话，让别人听了就高兴。

有一次，著名主持人汪涵受邀参加《鲁豫有约》。谈及感情问题时，鲁豫问汪涵说："你太太是你理想中的那种类型吗？通常来说，大家都会有自己比较喜欢的类型，比如有人喜欢偏瘦的，有人喜欢眼睛大大的，有人喜欢头发长长的……"

鲁豫说到这里的时候，汪涵突然插了一句："短头发的，我也很喜欢。"

大家知道，鲁豫就是短头发，汪涵此时插的这一句话看似很随意，实则高明得很。这种恰到好处的奉承话，自然而然地就把鲁豫给赞美了一番。当时，现场观众都笑了，当然，笑得最开心的还是鲁豫。之后，节目进行得很顺利。可以看出，鲁豫在和汪涵交流的过程中，心情一直十分愉悦。

所有语言中，最让人舒畅的是赞美，如同阳光之于世间万物。对于赞美的话语，没有人可以抵挡得了。无论是家庭生活还是职场，学会在适当的时候说几句对方爱听的奉承话，很多时候对于沟通会起到出乎意料的推动作用。

为什么我们这么喜欢听赞美的话呢？人最需要也最渴望的东西就是获得来自他人的尊重和认可。带有赞美意义的话语，是对我们某种行为给予的肯定和奖赏，输送的是一种正面的信息，包括尊重、理解与认同等，如此，势必能给人带来一种积极、愉悦的心理感受。

美国钢铁大王安德鲁·卡内基在1921年付出100万美元的超高年薪，聘请到执行总裁查利斯·施瓦布。许多人不解地问卡内基："施瓦布既没有出众的专业知识，又没有丰富的管理经验，为什么你会选择他呢？"卡内基回答说："他最会赞美别人，这也是他最值钱的本事。"甚至在施瓦布的墓志铭上，卡内基亲自题写："这里躺着一个人，他懂得如何让比他聪明的人更开心！"

请想一下，你有多久没有赞美身边的同事、朋友或者家人了？或许当你冷静思考之后，就会发现——自己的人际关系越来越差，就是因为缺乏赞美的沟通意识！

所有语言中，最让人舒畅的是赞美。尽可能多地赞美别人吧，只要你适时地发出真诚的肯定，就会得到接受你赞美的人的直接、友好的回馈。哪怕有时你的赞美没有任何利益目的，你也会给别人留下好的印象，并在未来的某一时刻受益。

需要注意的是，人有千面，没人会喜欢千篇一律的赞扬话。赞美别人的时候，千万不能人云亦云，不要别人怎么说，你就跟着怎么说，只是拣别人说过的话重复一遍。一遍遍听到同样赞美的话，被赞美的人怎会对你索然无味的赞美感兴趣呢？你的话不仅无法引起对方的注意，甚至会令他们厌恶。

高情商的赞美，往往因人而异，这是一种有针对性的赞美，而不是“一刀切”。要知道，我们赞美对方就是为了让其产生快乐、美好的感觉，只有选择对方的“特别之处”，非同一般的“闪光点”，这样的赞美才有针对性，真正夸到点子上，让对方喜上眉梢，感受到你的善意和友好。

王书记是一位业余作家，他的出书率很高，名字时常出现在畅销书架或者改编的影视作品上。前段时间，他出了一本新书，召开了一场声势浩大的新书答谢会。

其间，来自诸多朋友的赞美声不绝，“您的书真是太棒了！”“这是我看到的最好的作品！”“你真是一位不错的作家！”“你的作品很值得我们拜读和学习。”……王书记面对大家的赞美一一答谢，但这样的赞美他听得太多，真感觉有点“赞美疲劳”，脸上不由得显现出敷衍的表情。

这时过来一名女记者，她主动伸出手来与王书记握手，另一只手指着王书记修剪整齐的头发说道：“先生的发型很称您的身份，显得有品位，还十分有魅力。”

听到这位女记者的话，王书记的眼睛顿时亮起来，精神抖擞地向对方道谢。原来，刚被女记者称赞的发型是王书记找了形象顾问专门设计过的，还找了资深理发师精心修剪，可是现场却没有人对他的发型进行赞美，这不免让他有些失望。现在被女记者这么一夸，正好夸到他的心坎里。

后来，王书记接受了这位女记者的独家专访，两人还成为好朋友。

赞美的话语不在多，而在是否能夸到点子上。比如，对于经商的人，我们可以称赞他头脑灵活，生财有道；对于知识分子，我们可称赞他知识渊博，宁静淡泊；对于年轻人，我们不妨赞扬他的创造才能和开拓精神，称赞他前途无量……

只要用心观察，你总会发现别人与众不同的细微之处。而独特的赞美之声，就像甘甜的蜜水流进对方的心里，让沟通气氛更加和谐。这样高情商的你，走到哪里，都会深受欢迎！

3.投其所好，就会“心意相通”

俗话说：“酒逢知己千杯少，话不投机半句多。”其意是指，酒桌上遇到知己，喝一千杯酒都嫌少，心意不通，话不投机，说半句话都嫌多。

说话是一把双刃剑，聊得投机，两个人就会越聊越好，成为知音；聊得不投机，谈话就会变成恶战。

如何和谈话对象说话投机呢？尤其是陌生人。这听上去是一个非常难办的事情，毕竟彼此都不了解，不知道对方喜欢什么，讨厌什么，更不知道应该如何做才能讨对方欢心。可见，能够和一个人说话投机，得多有缘分！像那对高山流水的知音一般，千百年也就那么一例。

可能有的人终其一生都遇不到一个真正能与自己心意相通的知己，但与陌生人“心意相通”却并不是我们想象得那么难。和陌生人初次见面，我们或多或少会产生一些尴尬及不自在的感觉。毕竟彼此不了解，一时间也很难找到共同话题，这种沟通的距离感常常让人觉得手足无措。

这时候，如果一方情商高，会说话，能够成为谈话的主导者，并消除这种因陌生而产生的距离感，很自然会营造出一种“心意相通”的感觉。

事实上，那些能在最短的时间内把对方聊成熟人，让两个人的感情快速升温的谈话高手，并非天生就是沟通奇才，而是他们在沟通时都非常注重一点，那就是投其所好！他们会通过细节了解对方的喜好，然后一步步试探，找到对方感兴趣的话题，如此自然能越聊越投机，甚至产生相见恨晚的感觉。

石浩就是一个特别擅长跟人聊天的人，甭管把他放在什么环境，只要周围有人，他一定能迅速跟那人聊得火热，并且得到他想要的信息。

有一次，公司派石浩外出参加培训，只有他一人。但到了培训的地方，他才发现主办方给他安排的是双人间，同住的是刚参加工作不久的“90后”。按照以往的风格，他先主动跟小伙子打了招呼：“你好，我是石浩，很高兴认识你。”那人看了他一眼：“你好，我叫小猛，很高兴认识你！”然后，两个人就没话可说了。

这让石浩感觉特别不舒服。他心想：“两人还要在一个屋子里待一周呢，不好好聊聊，怎么处关系？再说，在这个人生地不熟的地方，还是得找个朋友相互照顾，别到时候抓瞎。”但大家都知道，“90后”的孩子都比较酷，他这个“80后”说点什么才能引起对方的兴趣呢？

正在这时，他突然听到小猛手机里传来的游戏声，一下子来了主意：“你在玩儿吃鸡游戏吗？我有个地方老是过不去，不知道为什么。”

小猛一听到这位“80后”大叔居然也喜欢热门游戏，立马拿着手机坐过来，兴致勃勃地说：“你是说哪一关？我也有个地方老是过不去，不知道什么原因，是不是我现在玩儿的这一关？”两个人越聊越投机，从这款游戏聊到足球，一直到快睡觉的时候，小猛还在跟石浩说个不停。睡觉之前，两个人已经称兄道弟了。

石浩知道，这个朋友算是交到了，培训也不会寂寞无伴了。

大家看完这个故事，肯定能发现，石浩之所以能跟不善言辞的小猛迅速发展成朋友，关键就在于他很会挑话题。通过观察，他知道小猛喜欢游戏，于是从游戏入手，找到对方感兴趣的地方再“顺藤摸瓜”，将自己和对方的共同点联系到一起，交流变得顺畅愉快，友谊的小船就这样造成了。

有人说，万一小猛不喜欢那个游戏呢？是不是石浩的“外交”就失败了？作为一个高情商的人，就算石浩猜错这一次，相信一定能找到对方的其他爱好。或者是观察他的细节，或者是通过一两句试探，总之，只要掌握方法，不怕找不到激起对方谈话欲的“燃点”。

投其所好，其实并不难。我们要有两个条件，一是卓越的观察能力，二是储备足够的知识，顺着对方的心意聊下去。倘若有人与你聊着感兴趣或擅长的话题，你心里定会涌出一种“我是主角”的满足感，同时也能与对方产生精神上的共鸣，继而愿意深入交流。

打个比方。如果我们与一名画家聊天，可以围绕画画来聊，说说这名画家作品的出色点；如果我们与一位篮球迷聊天，可以围绕球赛、球星来聊，夸一夸他最爱的球星或是评论一场球赛的出彩处；如果与一位科学家聊天，可以围绕科学来聊，并对科学家的一些想法表示肯定。

不可否认，与人沟通时，投其所好的话语，能让我们获得好人缘，但我们不能盲目地迎合。在听清对方的话语后，我们可以运用一些小技巧。

首先，别人给出结论时，我们来补充事实。比如，对方说“今天的路真堵”，我们可以补充哪里的路堵；对方说“今天的菜真好吃”，我们可以补充哪些菜好吃；对方说“某某明星的演技好”，我们可以补充明星在哪部电视剧中有精彩的表现。给对方的结论做事实补充，可以让对方感受到被认同。

其次，别人给出事实时，我们补充结论。比如，对方说“我感冒了”，我们可以补充说“你肯定不舒服吧？要不要看一下医生”；对方说“我中午只吃了一点东西”，我们可以补充说“你可再去吃一点”。其实，很多时候，对方说出事实时，心中已经有了结论，当我们的结论与对方心中的结论相同时，会让对方产生共鸣，对我们产生好感，对人际交往非常有益。

此外，当别人给出事实和结论，我们还可以补充相同结论的体验。比如，对方说“今天加班了，好累”，我们可以补充说“是的，前两天连续加了几天班，下班回家后，累得一点也不想动”。例如，邻居说“今天的网络太慢，游戏玩儿到一半就卡了”，我们可以补充说“是的，我原本想看一场直播，但网页打不开”。这种迎合是创造同感和同理心，能不动声色地拉近与对方的距离。

对于站在同一阵营的人，谁都会心生亲切，继而深交。所以，高情商的人在开口之前会通过观察与对方有关的东西，从对方的言行举止寻找到能够引起对方兴趣的切入点，进而让对方有想要进一步交流的想法。当然，投其所好一定要不动声色，倘若迎合太过明显，效果将适得其反。

4.话不多，但有分量，才算会说话

这个社会有两类人，一类是会说话的人，另一类是不会说话的人。会说话的人，总会混得如鱼得水，别人也愿意与之交往，而不会说话的人，不是混得穷困潦倒，就是混得平淡无奇，别人也不愿与之交往。这里的“会说话”，不是指能言善辩，滔滔不绝，而是将话说得有效果、有分量。

俗话说：“蛤蟆从晚叫到天亮，引起人们反感；公鸡清晨只啼一声，人们就起身干活。”高情商的沟通必须紧跟主题，话贵在精，多说无益。

有一次，美国著名幽默作家马克·吐温在教堂里听一位牧师演讲。

最初，马克·吐温觉得牧师讲得很好，感动得准备捐一笔巨款。

过了10分钟，牧师还没有讲完，马克·吐温有些不耐烦，决定只捐一些零钱。

又过了10分钟，牧师还没有讲完，于是马克·吐温决定1分钱也不捐。

到牧师终于结束冗长的演讲开始募捐时，马克·吐温由于气愤，不仅未捐钱，还从盘子里拿了2美元。

被问及原因时，马克·吐温回答：“原本几句简单的话，他却说得非常啰唆，浪费了我这么多时间，可不是2美元就能抵消的。”

说话多的人不一定是会说话的人，会说话的人不一定是说话多的人。有情商的人说起话来从不会天花乱坠、滔滔不绝，而是能够做到语言简明扼要，简中求简，每个字都能掷地有声。这些人懂得说话技巧，更知道说话的分寸，说出一句算一句，句句都能说到点子上，这才会讨人欢喜。

1948年，牛津大学举办了“成功秘诀”讲座，邀请名满天下的温斯顿·伦纳德·斯宾塞·丘吉尔来演讲。这是轰动性新闻，几个月前各大媒体就开始炒作，各界人士也翘首关注。牛津大学还设立了演讲日倒计时，可见人们的心情多么迫切。演讲日终于到来，会场上人山人海，没有立锥之地。仅全世界各大新闻台的记者就来了几百人，人们准备洗耳恭听这位出色的政治家、外交家、诺贝尔文学奖获得者的成功秘诀。

站在讲台上，丘吉尔用手势止住如雷的掌声，缓缓说道：“我的成功秘诀只有三个：第一，绝不放弃；第二，绝不、绝不放弃；第三，绝不、绝不、绝不放弃！我的演讲结束，谢谢！”说完，丘吉尔走下讲台。

台下沉默了足有一分钟，忽然雷鸣般的掌声响起来，经久不息。这就是人们想要的答案，做任何事情，只要不放弃，终有成功的一天。如此道理，何须长篇累言呢！

林语堂说过：“演讲要像女人的裙子一样，越短越好。”这个比喻虽然看似庸俗，却点出说话最基本的要求——言简意赅，用最简洁的话语表达丰富的含义，这样的话才是最吸引人的，也可以给对方留下良好的印象。有了基础的好感与信任，还有什么是不能谈的呢？

为了更清楚地说明，我们再来看下面这两句话：

“小黄这个人做事的时候总是不能掂量自己的力量和本事，做一些力不能及的事情，这是行不通的。”

“小黄这个人做事总是不自量力。”

显然，第二句比第一句更精练，更具总结性，而且掷地有声。

沟通过程中，谈话者对自己要讲的主题心知肚明，但对方并不清楚，要让对方在短时间内接受一种新的理念，还要时刻考虑与谈话者的利益关系，在分心的情况下，更加无法判断说话者要阐明的“要点”。这就需要我们将传达的信息用容易记住的短语或句子表达出来。

这不是简化你的谈话内容，而是将你的想法进行提炼和说明，使之成为一个简单的关键点的过程，以便表达时简明扼要。

孙哲是某单位的老总，任管理层期间，他最反感的是下属每天送到办公桌上的冗长而复杂的文件。并不复杂的事情却用了最复杂、最无趣、最啰唆的语言来陈述，这简直是在浪费生命。所以，当制订出公司发展计划并需要向所有人宣布时，他都会提前列一个讲话大纲，并将要点清晰地列出来。

会议上，他会用简短的几句话表达要传达的信息，“我希望，我们明年的目标业绩是突破500万”，为了取得这一结果，“在接下来的一年里，我希望在座的各位再接再厉，不断提高自己，对市场进行严格的控制和跟进”，“如果明年达成目标，你们的薪水和待遇都将得到明显改善，谢谢！”

一般地说，领导讲话常常讲究长篇大论，但孙哲却去除很多套话、官话，减少啰唆的概率，如此说出的句句都是精华，抓住人心。

如果每个人都能做到这一点，相信我们也能通过说话快速获得好感、信任，或者解决问题，进而为自身发展和事业助一把力。

5.说话有逻辑，就有说服力

李婷是一家企业的经理助理，经常协助经理处理商务信件，起草文件、报告、计划书等。李婷的学历很高，文笔也不错，然而每次她说话的时候，别人都反映听不太懂，甚至感到厌烦，这让她十分尴尬。这天，李婷向经理请示会议安排工作，以下是她的话术：

“高经理，刚刚客户王先生打电话说，由于他那边有突发事情，今天上午九点的会议无法准时开始，王先生建议晚一点开会，或者下午也可以。我已经咨询过会议室的负责人，他说我们的会议室今天上午十点之后和下午16点之后都有安排，只有15—16点之间是空着的。王先生说他晚上还有一个重要应酬，会议最好在17点之前开始。我建议把会议时间定在15点，您看可以吗？”

听了这段表述，你是不是觉得很混乱？很显然，李婷的表述条理不清，说了一堆，别人还是云里雾里，晕头晕脑，完全不知道在表达什么。

在沟通方面，李婷为什么会出现这种状况呢？说到底，就是归结于她缺乏逻辑思维，不能真正有效表达自己的想法。可见，高情商说话的关键不在于“话术”，而在于背后的“逻辑”。说话有条有理，不丢三落四、颠三倒四，按照比较缜密的逻辑顺序把事情、道理说清楚，话语才有说服力。

逻辑思维能力的培养需要智商，也需要情商。这需要我们在跟别人谈话之前，尤其是说服别人之前不要张口就说，而要先在大脑中想想自己需要传达的内容，细细斟酌语言后提出观点，通过归纳和演绎思考论据，提供充分的论据，对此进行详细解释，也就是层层递进，逐步展开。

“高经理，刚刚客户王先生打电话说，因突发事情原定上午九点的会议须延迟。结合李先生的时间和我们会议室的使用安排，我建议把会议时间定在15点，您看可以吗？”

如果李婷这样表述，是不是更清晰、更职业？

保持说话的逻辑性需要用上合理的关联词，比如首先、其次、很重要的一点是……这种语言表达方式会让别人感觉你说话的条理性。

阿威、阿信和阿磊是大学同学，参加工作没多久，三人合伙开了一家小公司。经过两三年的时间，公司发展到一定阶段后，三人一起商讨公司的发展。阿威想找投资人，扩大公司的生产、经营规模，问及阿信和阿磊的意见。

阿信回答说：“我不赞同扩张，现在我们有好多问题尚未解决。我不知道你为什么产生这种想法？我的想法肯定和你不一样……”

阿威的脸色变得有些阴沉，打断问道：“你说说有没有更好的办法？”

阿信挠挠头，不说话。

然后，阿威问阿磊：“你对扩张有什么看法吗？”

其实，阿磊和阿信一样不赞成扩张，但他没有直接回话，而是沉默了一会，才回答说：“这样，我们首先来看看目前的状况……”接下来，阿磊拿出这几年的账本，清清楚楚地核算收入和支出，然后指出公司现在虽然处于盈利模式，但盈利额度不高，当前最关键的是找出赢利点。“我希望公司能又快又稳地发展，不能急于扩张，要把风险降到最低，这就是我的态度。”

认认真真听完阿磊的分析后，阿威说道：“听你这样说，我认为你的分析很有道理。”

阿磊为什么能成功说服阿威？就在于他先根据公司的实际情况阐明道理，从叙述的事实中引出道理，从剖析事理中引出结论，条理清晰，说理严密，有理有据，将阿威代入自己的逻辑圈，自然能轻松地让阿威接受自己的意见。

讲话必须符合逻辑，它使我们的思维显得严谨、有条理，使结论令人信服，这是我们顺利交流思想、实现良好交往的起码条件。当你能清清楚楚地剖析一件事情，就可以随时让他人明白、接受自己。你也会因为自己的这种高情商掌控沟通的主动权，成为真正的赢家。

6.直话弯说，直的是人心，弯的是策略

人人都喜欢与直爽、坦诚的人交往，但一个人如果说话过于直接，想到什么就说什么，这是沟通中的大忌。因为很多情况下，你不能保证你想的、说的都对，听话人的接受能力也不尽相同，不讲究方式的直言快语，常常显得肤浅、粗俗、愚蠢，让人感觉索然寡味，避而远之。

试想，如果你听到下面这类话，你会怎么样？

“你的衣服是高仿的吧？穿高仿货，很没档次的。”

“你最近是不是吃得有点多？你看，你的胳膊都有我大腿粗了。”

“你是新入职的吧？傻乐什么？你能干够一个月算你能耐，你看你这脑子笨，又不漂亮，人家凭什么把单子给你，我看你最好干个后勤。”

“你男朋友不怎么样，长得那么丑，家里也没钱，你跟他图个傻乐呀？”

……

这些话一般是说者痛快，听者闹心。这类人并不少见，他们喜欢标榜自己直爽、耿直，口头禅就是：“我这个人说话就是直，你不要太介意！”“我说话直，但实话实说，你不会介意吧？”当别人表现出不高兴的时候，他们反而埋怨：“这个人真小气，我只是

实话实说，有什么可生气的！”

可是，真的是这样吗？与其说这些人说话直，不如说他们情商低。真正情商高的人，即便说话直率，也不会伤害别人，揭别人的短，更不会说出打击、讽刺别人的话语，总想着堵死别人。他们在说话之前会考量一番，“我说出这样的话会不会令别人不高兴”“我应该怎么说才不会伤害别人”……

真正情商高的人，永远知道在什么场合什么时候该说什么话，不该说什么话；知道该怎么说，不该怎么说。

著名主持人蔡康永在《说话之道》里说过：“说话是一件可以不断进步的事，只要靠自己用一点心。尽管说话必定会涉及他人，就像在路上开车势必会遇到可能粗鲁、可能不可理喻的人一样。但不能因为别人乱开车，我们也跟着乱开，因为事关自己的人生幸福。别人也许不把横冲直撞当一回事，但说话是我们自己的责任范围，没有人能替我们把话说好。”

蔡康永的情商高是大家公认的。他在与人沟通时，从来不会直来直去地说那些对方不愿意听的话题，而是用委婉的方式表述，让对方觉得非常舒服，丝毫不会觉得有什么不妥之处。

数学上，我们知道，两点之间，直线最短。但在沟通中，“直线”的方式并不受欢迎，尤其是在提意见和批评人的时候。这个时候，如果能用“曲线”方式抛出观点，经过一系列弯弯绕绕，绕到对方心里，既不伤害脸面，又能成功表达观点，所受到的阻碍自然会小很多。

王老板是一个特别小气的人，只知道让大家加班干活，从来不在员工待遇上进行改善。这是一家新公司，起步阶段到处需要花钱，工资待遇不高，各项福利跟不上。起初大家还抱着希望，相信自己只要付出努力，跟公司一起成长壮大，等公司有业绩之后，肯定不会亏待大家的。

怀抱这种想法，大家一直忍到年终，希望能分到年终奖，开开心心过个年。谁知道，王老板就给大家发了一袋米、一桶油就完事了，这一举动让大家感到非常心寒。过完年回来，有员工忍不住找老板谈判，要求加薪，并列举了外面同行公司的待遇。

谁知王老板居然理直气壮地说："你不看看人家那些公司招的是什么学历的员工，本科生都很少，都是双一流大学的硕士或者博士。你再看看咱们公司，有几个能达到人家那个水平的？我记得你还是个专科吧。"这话说完，同事当场就辞职了："既然您看不起我，我就不在这碍您的眼了，我今天就辞职。"

他走了，其他同事的情绪更加不稳定。没过多久，又有同事找王老板谈工资的事情。这位同事准备得比较充分，相信自己能够说服老板。他说："老板，我请求加薪。虽然我们没有那么高的学历，但现在这个年代，学历不能说明一切。我们只要能很好地完成工作，就算学历不高，也不耽误什么。而且，我们为了公司，没日没夜地免费加班，甚至把工作都带回家里做，您说我们是不是非常敬业，值不值得奖励？"

王老板一听，不屑一顾地说："谁让你们加班了，那说明你们效率低！如果你们有能力，每个人都能在上班时间按时高效地完成工作，我还不愿意让你们下班之后还在公司浪费水电费呢。别总说涨工资的事儿，先把自己的工作效率提上来再说。"

这一番话把那同事说得满腔怒火，他也直接提出辞职申请。王老板倒是不急不躁，对负责人事的肖欢说："赶紧招人，要不然他们以为辞职能威胁得了我呢？"

肖欢听了这话，苦不堪言。照王老板这个搞法，招多少人都会走的。员工流动性大，对公司百害而无一利！两个同事走了，公司已经人心动荡，她得想个办法，让王老板面对现实，改善员工待遇。思来想去，肖欢终于想到一个比较好的策略，不直接跟王老板抱怨待遇，而是抱怨一下公司的员工。

"老板，最近考勤上发现，大家迟到的现象越来越严重。"肖欢认真地说。

"为什么呢？"王老板问。

"大家最近要么骑自行车，要么走路过来上班。大家都住得离公司很远，有时候稍微慢一点，或者体力跟不上，就会迟到。"

"那就让他们早点起，迟到罚钱，按照制度走。"王老板说道。

"早起是没问题的，但是早起了，等到公司就会又累又饿，根本没办法认真工作，工作效率自然跟不上。"肖欢摇摇头，对王老板的话表示不赞同。

"那就坐公交，环保省钱，车费没多少，还省力气。"王老板洋洋自得，觉得自己的办法很好。

"他们以前就是坐公交车来上班的，但后来房租上涨，吃饭消费也增多，为了省两三百块的公交车费，他们才改成徒步上班的。不过老板说得对，他们迟到我就罚他们，谁让他们连坐车的钱都出不起，身体又不够强壮，走两步路都走不动呢。我这就发通知，强调一下纪律！"肖欢假装生气地说。

“等等，先不发这个通知，让我想想，咱们的待遇和薪水也该调一调了，给大家改善一下，不然说出去也让人笑话。”王老板若有所思地说。

“老板您真是好领导，为我们员工考虑得这么细心。他们犯了错，您不急着怪他们，还能想到为他们改善待遇。我想咱们员工肯定会特别感动，拼命报答公司，咱们今年的业绩一定能翻几番！”肖欢开始拍马屁了。

“行，你就去拟订个调薪方案给我，没问题的话，咱们这个月就开始执行！”王老板爽快地答应了！

就这样，整个公司的人因为肖欢这一番“折腾”，都在薪水上得到提升。大家喜笑颜开，对肖欢的智慧大加赞赏。

“说来也怪，前两个同事去说，都被逼得辞职。怎么到了你这里，老板就高兴地同意调薪呢？”同事们不解地问肖欢。

“咱们老板属于吃软不吃硬型，你跟他说话不能直说，要学会拐着弯儿。要是直接伤了他的脸面，他肯定接受不了。所以，我稍微拐了个弯，咱们老板又是个聪明人，自然能听出弦外之音。”肖欢笑着回答。

肖欢的说话方式，正是措辞委婉的妙用。她将自己的意思曲折、间接地表达出来，既尊重王老板的面子，不至于让对方难看，又使对方愉快地接受意见，从而在和谐的气氛中达到沟通目的。说话不一定要直来直去，委婉含蓄地表达，不仅让人容易接受，还深得人心。

我们再来看一个经典的例子：

焦阿基偌·安东尼奥·罗西尼是19世纪著名的意大利作曲家。

一天，一位作曲家拿着一份曲谱前来拜访，恳请罗西尼听听自己的演奏并给予意见。

在作曲家演奏过程中，罗西尼一直认真地倾听，且不时地脱帽致敬。

作曲家演奏完毕，问罗西尼："您觉得怎么样？"

"太好了"，罗西尼回答。

"真的吗？"作曲家兴奋地追问，"您脱帽就是对我的极大认可吧？"

"不，不是因为你"，罗西尼回答说："我有见到熟人就脱帽的习惯，在阁下的曲子里，我碰到那么多的熟人，不得不连连脱帽。"

罗西尼真是高情商。他委婉地指出曲子缺乏新意，暗示作曲家的抄袭行为，既巧妙地向对方表明自己的看法和意见，又照顾到作曲家的面子，两全其美。

世界上，人心是直的，但策略可以是弯的。

所以，当你希望表达内心的愿望，又不便直说、不忍直说、不能直说时，不妨措辞上委婉一些，将自己的意思曲折、间接地表达出来。如果你的语言耐人寻味且寓意深刻，让听者思而得其意，越揣摩似乎含义越深、越多，你的话也就越有吸引力和感染力，就是当之无愧的高情商。

7.深层次对话，你需要学会倾听

沟通最失败的状况莫过于：你说什么对方都听不懂！交谈应该是两个人的事，但如果双向的沟通变成单向的说，沟通就失去了本来的意义。

顾维是一名机械维修员，这天他来到一家电子机械厂，向老板推销自己："田老板，经过一番观察，我发现贵厂维修机器花费的钱，比雇用我们来干花的钱还多，对吗？"

田老板回答："其实，我私底下计算过，我们自己干的确不太划算。你们的服务很不错，可是你们缺乏电子方面的……"

还不等田老板说完，顾维就开始滔滔不绝地说："您必须得承认，没有人能够做完所有事情的，不是吗？修理机器需要特殊的设备和材料，这些都是我们所具备的。"

田老板点点头，又摇摇头。没等田老板开口，顾维又抢着说："您的顾虑我明白，这么说吧，您的下属就算是天才，在没有专用设备的情况下，也不可能干出漂亮的活儿来。"

田老板说："我听朋友提到过你们的手艺，但……"

顾维又急急地抢过话："您就让我做，准保质量上乘，价格公道。"

这次没等到顾维说完，田老板说："我认为你现在可以走了。"

顾维为什么会遭到田老板的无情拒绝？很明显，田老板并非对他的技术不认可，而在于顾维只知道表达自己，没完没了地说，而不懂得如何倾听，压根不给田老板说话的空隙，丝毫不顾及对方的感受。如此不仅失去基本的修养，而且听的人感觉很烦躁，甚至觉得他只是在自吹自擂。

回想一下所有交谈过的场景，当有人嘴巴一刻不停地自说自话，耳朵却从不曾为你打开，关心你的想法，你会觉得这场谈话愉快吗？

任何一次良好的沟通，均始于良好的倾听。

为什么如此强调倾听呢？很简单，每个人都有表现自己的欲望，希望获得别人的尊重，受到别人的重视。倾听所传达的正是一种肯定、信任、关心乃至鼓励，可以说，它是对别人最好的恭维。当你耐心倾听别人说话时，别人自然会喜欢你、信赖你，这场沟通就是成功的。

这个道理很明显。日常生活中，我们都会了解这种情况。当你在说话的时候，是不是希望别人能够认真听？当有人全神贯注倾听你表达的内容时，即便对方没有给我们提供实际的指点或帮助，你是不是也会感到自己被关注、被重视？对对方产生好感，愿意与之交往下去？

做一个会说话的人，首先要做的就是学会倾听。人与人的交往中，倾听是了解别人。它是沟通中必不可少的，甚至有时比交流更重要。倾听别人的过程，就是对对方内心的了解过程，能明白对方的真实意思，知道对方的所思所想，这样你才能在沟通中占据主动。

阿坤只有一米六四的身高，又黑又瘦，其貌不扬，走在人群里，没有人会注意到他，但他连续五年成为公司的销售冠军。一直被认为是谈话高手，似乎和任何人都能愉快交谈，不论对方是什么样的性格，从事什么样的行业。对于阿坤来说，这世上似乎没有他撬不开的嘴。

在公司举办的学习交流大会上，阿坤被邀请作为主讲人向其他同事传授推销技巧。当阿坤提到“一次成功的推销，关键就在于你能否与客户展开一场愉快而融洽的交谈”时，一位年轻人沮丧地哀叹道：“我们接触的客户那么多，怎么可能和每个人都愉快交谈，那得是多么博学的人才能做到呢？”

听到这位年轻人的话，阿坤微笑着说：“事实上，你不需要多么博学，你所需要的只是一双愿意倾听的耳朵。”

接着，阿坤给大家分享了自己的一次推销经历：

“那天，我推销的产品是一款芦荟精，我的目标客户是一个家庭的女主人。当时，那位女主人对我的产品没有表现出多大兴趣，事实上，她看起来有些不耐烦，我认为下一刻我或许就要被扫地出门了。当时我就在想，该怎么让自己继续留下，让这位女主人不要急着赶我走呢？”

“就在那时，我突然注意了阳台上一盆非常漂亮的盆栽植物。那植物长得好极了，就连栽种它的花盆都能看出是精心挑选过的。我想，那一定是女主人非常珍爱的东西，否则不会花那么多心思侍弄。认识我的人都清楚，我对花草一窍不通，并且没有多大兴趣。但我很有兴致地问女主人那是什么花。接下来，女主人开始得意地向我介绍，那是兰花的一种，并开始向我科普。我也认真地倾听，到后来，她甚至恨不得把所有她熟知的与兰花相关的知识都对我倾囊相授……”

“我们就这样谈论了一整个下午。是的，你们没想错，就是谈论那些花花草草。抱歉的是，我在这方面确实没有什么天赋，已经无法将她说的那些知识再复述一遍。等我准备告别离开的时候，那位女主人买下我的芦荟精，并且对我说：‘今天过得真愉快，真是太感谢你了，愿意并且有兴趣听我说这么多话。要知道，即便是我先生，也没有耐性听我嘀嘀咕咕说这么多。总之，希望下次还能见到你，我愿意和你谈论更多我知道的东西！’”

“在花花草草方面，我绝对是个外行，无法认清楚兰花的品种，也根本不知道应该怎样照顾一盆娇弱的兰花。可是，我却和那位女主人谈论了整整一下午。虽然几乎都是她在说，而我唯一做的就是认真并且充满热情地倾听她的每句话——一场愉快而融洽的交谈，有时就是这么简单。”

阿坤只是扮演了一位好的倾听者，就顺利赢得了客户的信任与好感。

人有两只耳朵，两只眼睛，为什么只有一张嘴？一个十分完美的答案是，上帝给了我们每个人两只耳朵一张嘴，就是在告诉我们要学会少说多听。

著名心理学家John Dickinson曾说：“好的倾听者，用耳听内容，更用心‘听’情感。”一个正确的倾听态度是达到最佳倾听效果的前提。全身心投入，专注地听，借助各种技巧，听出对方所讲事实背后蕴藏的真实态度，以期达到感同身受的理解。更重要的是，良好的倾听习惯和态度远远胜于倾听技巧，信守承诺，不随意打断他人，会让对方感到内心的安宁。

专心听别人讲话，是一种沟通的情商，能更快地赢得别人的喜欢。不管说话者是上司、下属、亲人或者朋友，当你愿意拿出足够的耐心倾听，倾听对方压抑的深情、生活中的喜悦、工作上的困顿等，并给予充分的包容和体谅。相信对方一定会心存感激，给予你更多的信任和依赖。

8.幽默的人，情场春风很得意

仔细观察一下，我们不难发现这样一些现象：有些人其貌不扬，却比许多俊男靓女更加引人注目，拨人心扉。这是为什么？这看似不可思议，实际上却暗藏一个真实的秘密——他们掌握了“幽默”这一高情商的沟通技巧。

刘焱眼看奔三十了，可对象还没有影子，父母为了这事愁白了头发，四处张罗着给他介绍对象。这天，在父母的安排下，刘焱和一位姓董的女士约会。刘焱人品很好，就是矮了些，只有一米六的身高。听说这个董女士长得挺漂亮，个子又高，说实话，就连父母都为他捏了一把汗。

相亲那天，约会两人相约在一个马路口处见面。当时正是三九天，马路上雾霭迷漫，董小姐在马路口等了半天也不见刘焱来，心里很不痛快。

待认出董小姐时，刘焱主动迎了上去：“对不起！等很久了吧？”

董小姐本来就生气，再看到刘焱的“尊容”更加生气，撇撇嘴：“整整等了十分钟。”

“别生气，我倒是等了30年才有缘认识你呀！”刘焱幽默地说道。

听了这句话，董小姐脸上的怒气不禁消减一些，接着又质问：

“怎么半天不见你来？”

“我早就来了，就在马路对面。我一直朝你招手，可惜你却没看到我。”刘焱慢声慢语笑着说：“不过，这事儿一点不怨你，是我长得太矮，还没武大郎高呢，就是有孙悟空的眼睛也很难找到！”

经刘焱这么一说，董小姐乐得抿着嘴笑了，感到这个人很随和、乐观。经过一段时间的相处，两人很快组建新家庭，过上幸福快乐的日子。

一个其貌不扬的男人，如果他具有幽默感，让女人笑个不停，往往可以掩盖其不堪的外表和瘪瘪的钱袋，多数女人会对他格外青睐，甚至暗许芳心。

幽默为什么在这里也能行得通呢？原因很简单，任何人都喜欢一个能让自己开怀大笑、无拘无束的人。

是的，赢得爱情需要一颗真诚的心，一种诚挚的情，更需要幽默的表达，制造一种活泼宽松的交际氛围。正如日本幽默家秋田实所说：“幽默是爱情的催化剂，因为幽默的言谈最易激发爱的温柔。借助幽默，我们能让自己所爱的人感受到无比的幸福和快乐，顺利取得求爱的成功。”

幽默往往能巧妙表达自己的爱意，以最快的速度抵达人心，打动对方的心，使人在欢笑中体会到深沉的爱。因此，如果你想第一时间赢得对方的好感和认可，不论你是美是丑，是富是穷，是老是少，是机灵或是木讷，唯一不会失误的秘方只有一个，那就是培养和发挥自己的幽默感。

我们常说生活要有情调，“情调”二字指的是一种两人之间轻松幽默的氛围，会让彼此感觉待在一起的时光是那么舒服、惬意。

生活中，那些调情高手总能信手拈来几个趣味十足的笑话段子，或发挥自己的创造力和想象力，以幽默的方式呈现平凡的爱情，即便“柴米油盐”、矛盾或争吵，也可作为幽默素材，进而使彼此的相处更和谐、温馨、甜蜜。这使得他们在情场上叱咤风云，所向无敌。

有一对夫妻平时很恩爱，这天丈夫因在外喝酒回家晚了，妻子同他吵起架来。盛怒之下，妻子气哼哼地嚷道：“天哪，这哪像个家，我再也不能在这样的家里待下去了！”说完，她就拎起自己放衣服的皮箱，夺门冲了出去。

看到妻子如此生气的样子，丈夫有些后悔，心想有什么大不了的事，为何一定要吵架呢？真傻！他知道妻子是倔脾气，现在怎么劝都不会听的。于是，他也大叫起来：“等等我，咱们一起走！天哪，这样的家有谁能待下去呢？”他拎上自己的皮箱，赶上妻子，并把她手中的皮箱接了过来。

看到丈夫如此可笑的行为，妻子眼里含着泪，就不由得“扑哧”一声笑了。随后，她又怒气未消地抱怨道：“当初真不知道怎么会看上你，真是一朵鲜花插在牛粪上。”

丈夫笑嘻嘻地回答道：“对，我就是牛粪，所以养得你如此年轻漂亮。”

妻子顿时羞红了脸，娇嗔着打了丈夫几拳，夫妻双双把家还。

幽默语言能化解人际关系的冰霜，增进人际和谐，避免可能发生的冲突。学会幽默地处理情侣间的问题，还怕两人的生活过不好吗？

锅勺相碰是寻常事，唇齿相依也会磕伤。婚恋中的两个人不可能一直都和和美美，一帆风顺，会遇到各种各样的问题，有欢乐和幸福，也有痛苦和忧愁。情商高的人，不会因为一点小矛盾，就把事情提升到对错的层面上讨论，他们会少一些是非道理的计较，多一些活泼俏皮的幽默。

事实上，情侣是最适合幽默的一种人际关系。爱情和婚姻中的两个人完全平等，大家既不需要戒备，也不需要提防，只需尽情发挥幽默即可。请相信，如果你足够幽默、风趣，一定可以让恋人如痴如醉地陶醉在爱河之中，使你们的爱情充满浪漫色彩，令人回味无穷。

9.善意的谎言，更胜残酷的诚实

这个世界充满谎言，对于任何人而言，谎言都是不受欢迎的，惹人讨厌。我们讨厌谎言带来的虚伪，带来的欺骗，带来的不悦。

但在实际沟通中，人们需要真相，同样，人们也需要谎言。有时残酷的真相反而更像一种谎言，欺骗了人们的希望，就像下面这个医生的一次实话实说，让一个本来还可以活命的人早早离世。

那年他刚毕业，在一家医院做实习医生，遇到一位47岁的宫颈癌患者。此人病情十分严重，但导师却非常平静地给患者开了药，还叮嘱她一定会慢慢好起来的。

这个实习医生不能理解，他觉得患者得了这样的病本来就已经够可怜了，作为医生怎么还能欺骗她呢！于是，他看完诊断后，一股儿脑地把宫颈癌的所有情况说给病人。

令他没有想到的是，这位病人当场脸色苍白，晕倒在地，阴道流血不止，很快浸湿外裤。导师狠狠瞪了他一眼，让护士赶紧把病人抬进病房。

这个实话让病人的精神彻底崩溃。从那以后，她拒绝进食，半个月后就告别人世。临走前，她遗憾地告诉我们，还有三个月女儿就要考大学了，可惜她等不到那一天。

就这样，那位女患者临终前的遗憾，也成了这个实习医生今生最大的憾事。后来，虽然没有人再谴责他，但他从内心里感到永远内疚，好像自己就是杀人凶手。他不能原谅自己的那次实话实说，让原本可以延长至少半年的生命在短短20天就悄然而去！

从那以后，这位医生学会适时“撒谎”。为了延长病人的生命，更为了让患者在人生的最后岁月对生活仍然抱有美好的希望，他会用谎言时时规劝对方。他懂得了面对患者，也许有时候，谎言也能够疗伤。

这个故事向我们证明一点，善意的谎言是美丽的，它不是欺骗或居心叵测。当我们为了他人的幸福和希望而适度地撒一些小谎的时候，谎言即变为一种理解、尊重和宽容，而且具有神奇的力量。医生的一句善意谎言，让恐惧的病人由毁灭走向新生；父母的一句善意谎言，让涉世不深的孩子脸若鲜花，灿烂生辉；老师的一句善意谎言，让彷徨学子不再困惑，更好成长……

与人沟通时，我们提倡待人真诚，实话实说。但如果我们所要聊的事情，对对方来说是一种残酷，高情商的人此时会说一个善意的谎言。某些时刻，善意的谎言赋予人类灵性，体现情感的细腻和情商的成熟，它就像希望，能帮人们渡过最艰难的时光和岁月，重振信心。

苏芮是一个很胖的女生，内心非常敏感和自卑，鲜少主动与人交流。但她愿意与阿敏成为好友，这一切是因为阿敏经常喜欢对她说善意的谎言。

阿敏和苏芮初次相识在一家商场。当时，阿敏陪母亲试衣服，母亲进了试衣间，她则在外头的休息椅上等候。苏芮也挑了一件衣服，她穿好后在镜子面前转了一圈，接着眉头紧皱，好像在抉择要不要买下这件衣服。她考虑了很久，都没有做出决定。最后，她的视线落在阿敏身上。

苏芮真的很胖，笑起来眼睛能眯成一条缝。她不好意思地问阿敏："你觉得这件衣服，我穿着好看吗？"

好看？真的谈不上。但看着苏芮期待的眼神，阿敏说不出打击她的实话。所以，她说了一个善意的谎言："还不错，你穿着比较有气质。"

于是，苏芮兴高采烈地买下那件衣服，和阿敏也由此相识。

后来，苏芮迷上化妆，每天都在脸上涂涂抹抹，还总是询问阿敏漂不漂亮。可是，她太胖了，化妆品并没有让她的颜值有所提升。而她兴致勃勃地问，自然是希望阿敏夸一夸她，所以阿敏不可能说"不好看""很丑"等打击她的话，而是鼓励阿敏："如果你能瘦一点，一定会更好看。"

我们必须承认，谎言也是这个世界的真实，它带来的温暖是真正可以感受到的！

恶意的谎言是一杯辣椒水，善意的谎言则是琼瑶玉浆。与人沟通时，想要与人交好，自然要给人琼瑶玉浆。